シリーズ〈行動計量の科学〉
日本行動計量学会【編集】

❰ 1 ❱

行動計量学への招待

柳井晴夫
［編］

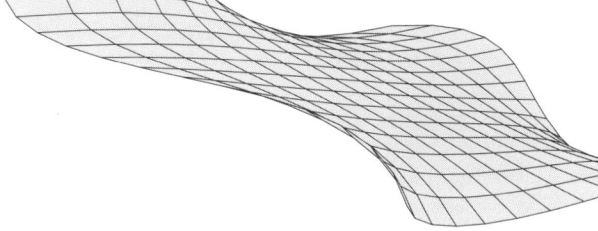

朝倉書店

執 筆 者

柳井 晴夫* （やない はるお）　聖路加看護大学大学院教授
　　　　　　　　　　　　　　　大学入試センター名誉教授

飽戸 弘 （あくと ひろし）　東洋英和女学院大学学事顧問・前学長
　　　　　　　　　　　　　東京大学名誉教授

松原 望 （まつばら のぞむ）　聖学院大学大学院政治政策学研究科教授
　　　　　　　　　　　　　　東京大学名誉教授

池田 央 （いけだ ひろし）　株式会社教育測定研究所取締役
　　　　　　　　　　　　　立教大学名誉教授

髙倉 節子 （たかくら せつこ）　前 長崎純心大学大学院人間文化研究科教授

猪口 孝 （いのぐち たかし）　新潟県立大学学長兼理事長
　　　　　　　　　　　　　　東京大学名誉教授

丸山 久美子 （まるやま くみこ）　北陸学院大学人間総合学部教授

宮原 英夫 （みやはら ひでお）　豊橋創造大学保健医療学部教授

木下 冨雄 （きのした とみお）　財団法人国際高等研究所フェロー
　　　　　　　　　　　　　　京都大学名誉教授

森 裕一 （もり ゆういち）　岡山理科大学総合情報学部教授

森本 栄一 （もりもと えいいち）　株式会社ビデオリサーチ事業開発局主事

（執筆順，*は編者）

まえがき

　20世紀後半の世界の学会は，専門領域の細分化が進行するとともに，各専門領域の方法論が多岐にわたって発展した．このため，一方においては，細分化された専門領域間の距離はますます増大し，他方においては，新しい創造的方法論が自己の専門領域においてさえ，十分に理解され支持されないという状況が生まれている．しかしながら，1950年代以降，人間の行動現象に計量的にアプローチするという方法論において共通の関心をもつ研究者が，自然・人文・社会の諸科学にわたって多数存在することが顕わになり，1969年から4年間にわたって開催された「行動計量学シンポジウム」においては，法律・政治・経済・社会・教育・統計・工学・医学・生態学・人類学などの諸領域からあわせて200を超える研究発表が行われた．こうして，専門領域の如何にとらわれずに，人間の広義の行動現象に関して，現象の本質を捉え，これを目的に即して定式化し，実験・調査を行い，測定し，解析し，情報を取り出す，といった一連のプロセスに沿った方法論を開発することによって，各専門領域における研究の促進，かつ異なる専門領域に属する研究者間の交流を促進することを目的とした，新しい学会の設立が待望された．

　かくして，1973年9月に「日本行動計量学会」が設立され，学会誌として，『行動計量学』（和文誌）および"*Behaviormetrika*"（欧文誌）が刊行されることになった．

　ところで，「行動（behavior）」という言葉を今日のように流布させたのは，心理学史に記載されているように，1910年代におけるワトソン（J. B. Watson）の行動主義，つまり，すべての反応（R）は刺激（S）によってひきおこされるというS-R理論である．行動主義において主流であった「行動以外はすべて不確かなもので，研究対象から排除すべきという理論体系」が不毛であったことは，行動主義を否定する精巧な新行動主義の台頭によって自明のこととさ

れた．新行動主義は，行動を捉える場合，「行動」そのもの，あるいはそれに反映された事実そのものを指す場合と，態度，価値観，意見，信念を指す場合に分かれるが，「行動計量学」における「行動」の捉え方はどちらかといえば後者の方が主流である．ところで，「計量学」という名称は，「――学を計量する方法論」を指すもので，計量政治学，計量経済学，計量心理学，計量社会学，計量生物学，計量医学などで使われているが，行動計量学会の設立を契機としてはじめて世に広まった．「行動計量学」は「行動」を「計量する学問体系」という意味でつくられた言葉であり，同様に，その英文表記「behaviormetrics」も1973年に行動計量学会の欧文誌の名称としてつくられた造語であり，その後世界のどの国でも使われていない．

このようにして生まれた行動計量学（behaviormetrics）とは人間の行動をできるだけ簡潔に，具体的な方法や技法に基づいて分析し，明らかにしていくことを目的とする．その意味からいえば，森羅万象すべてにわたる人間行動を分析する行動計量学に習熟するためには，多くの研究分野の知識が必要不可欠である．したがって，行動計量学はリエゾン的手法を取り込みながら，人間行動に関連するさまざまな事象を明らかにしていく必要があろう．そのために必要とされる「核」とは，「人間行動の何たるか」を究めていくための共通の理念である．このためには，人間行動を規定する事象を厳密に定義し，考察の対象となる人間の本性を念頭に置き，実験や調査，観察などを通して得られたデータに基づく分析が必要であることはいうまでもない．それは，行動科学一般が必要とする理念，すなわち，データに基づく実証性と普遍性を保証する哲学であり，人間行動の何たるかを詳細に見極め，あるいは大局的な観点から先を見通す目をもつことである．

さらに，行動計量学は学際的色彩の強い学問である．データからモデルを構築していく上で必要な理論的側面はさまざまな統計学を土台に据えている．そこから演繹した人間行動のモデルは，古くは実験心理学（experimental psychology），計量心理学（psychometrics）に由来するものが多い．研究対象との関係からみれば多変量解析，数量化理論，意思決定理論，さらに，20世紀後半から先鋭化してきた電子計算機の発展により，ダイナミックな線形計画法や非線形統計解析，グラフィカルモデルに基づく行動計量のヴィジュアル

化などの解析手法も利用される．ともすれば，多くの難解な分析手法に満足して，データのもっている深い示唆を見過ごすような結果を招くことになる場合もある．それは古典的な統計学の概念で統計的仮説における第一種の過誤 α，第二種の過誤 β といわれるもののほかに，第三種の過誤 γ があることを忘れてはいけないということである．第三種の過誤 γ とはすなわち，データを採取し分析する場合，分析する側に生ずる解釈の過誤である．現象から採取されたデータの内容を詳細に吟味検討し，データそのものに深く知悉していなければならないということである．電子計算機の普及や発展はこの種の過誤を招きかねない危険がある．この問題をよく脳裏に刻みながら，データの性質を理解し，モデルを作成してゆくための技術のほかに，人間行動のもっている意味を十分に理解するための哲学的思索を深める必要があることを忘れてはいけない．

本書は，日本行動計量学会20周年事業の一環として出版された『行動計量学シリーズ』（全13巻，1993〜1996）に引き続き，35周年事業の一環として計画された『シリーズ行動計量の科学』（全10巻，2010〜）の第1巻に相当するもので，日本行動計量学会における共通のテーマを次の3部，すなわち

第Ⅰ部：数理的方法論（多変量解析，数量化理論，意思決定理論）

第Ⅱ部：テストと調査（テスト理論，社会調査）

第Ⅲ部：応用領域（計量政治学，QOL，計量医学，実証科学と方法論科学）

に分け，長期にわたり本学会に所属して活躍された方々に各章・節の執筆を依頼してできあがったものである．また本書の付録として，日本行動計量学会ホームページから，大会実行委員会・行動計量学会各種受賞者など行動計量学会の主要な歴史となる部分を選択して記載した．

ところで，本年（2011年）3月11日に東北地方を襲った未曾有の東日本大震災，それに誘発された原発問題など，今後わが国において解決を迫られている人間行動のあり方に関する問題は山積している．このような事態に対処するための方法論として，20世紀後半に誕生した「行動計量学」が21世紀においてますますその可能性を高めるものとなることを願ってやまない．

2011年7月

柳井晴夫

目　　次

Part I　数理的方法論

1. 多変量解析の動向 ……………………………………………(柳井晴夫)… 2
   - 1.1 多変量解析の歴史とその発展 …………………………………… 2
     - 1.1.1 多変量解析に関する書物の刊行 …………………………… 2
     - 1.1.2 多変量解析法の分類と各種手法の概観 …………………… 5
   - 1.2 各種多変量解析技法の発展 ……………………………………… 6
     - 1.2.1 因子分析―1因子モデルから多因子モデルへ …………… 6
     - 1.2.2 主成分分析 …………………………………………………… 9
     - 1.2.3 多次元尺度法 ………………………………………………… 9
     - 1.2.4 重回帰分析 …………………………………………………… 10
     - 1.2.5 正準相関分析 ………………………………………………… 12
     - 1.2.6 判別分析 ……………………………………………………… 14
     - 1.2.7 多変量生存時間データの分析法 …………………………… 15
     - 1.2.8 因果関係を探る統計的手法
       ―構造方程式モデル（共分散構造分析）………………… 16
     - 1.2.9 項目反応理論 ………………………………………………… 16
     - 1.2.10 多重配列データの分析法 …………………………………… 17
     - 1.2.11 グラフ的方法 ………………………………………………… 17
   - 1.3 多変量解析の諸領域への適用をめぐって ……………………… 18
     - 1.3.1 多変量解析研究と関連学会の動向 ………………………… 18
     - 1.3.2 分野別の動向 ………………………………………………… 19
     - 1.3.3 多変量解析のソフトウェアについて ……………………… 22
     - 1.3.4 今後の多変量解析の発展にむけて ………………………… 22

2. 数量化理論—その形成と発展の歴史—............................(飽戸 弘)... 31
  2.1 数量化理論の基礎哲学 (1) 31
  2.2 MACといわれる数量化 34
  2.3 数量化理論の4つのモデル 36
  2.4 数量化理論の定式化 38
  2.5 数量化理論の適用例 40
    2.5.1 数量化理論第I類の例 40
    2.5.2 数量化理論第II類の例 42
    2.5.3 数量化理論第III類の例 44
    2.5.4 数量化理論第IV類の例 46
  2.6 数量化理論の基礎哲学 (2) 48
  2.7 多変量解析の包括的整理と分類 49

3. 意思決定理論の軌跡と発展
   —横断的な基礎チュートリアル— ....(松原 望)... 61
  3.1 意思決定の射程 61
  3.2 意思決定の理論の基本設定 62
    3.2.1 効 用 62
    3.2.2 確率と確率分布 64
  3.3 意思決定理論の枠組 66
    3.3.1 不確実性下の意思決定 66
    3.3.2 統計的決定理論 68
    3.3.3 ベイズ判別分析 70
    3.3.4 ベイズの定理の地位 73
  3.4 意思決定結果の安定—ミニマクス定理と鞍点 74

Part II テストと調査

4. テスト学とテスト法の発展...(池田 央)... 80
  4.1 テスト学・テスト法の位置づけ 80

  4.1.1　テスト研究と教育学・心理学……………………………… 80
  4.1.2　テスト研究と行動計量学…………………………………… 81
 4.2　評価という名の尺度……………………………………………… 82
  4.2.1　段位・等級制にみる尺度…………………………………… 82
  4.2.2　点数制にみる尺度…………………………………………… 83
 4.3　古典的テストにおける尺度……………………………………… 85
  4.3.1　記述式テストによる尺度…………………………………… 85
  4.3.2　客観式テストによる尺度…………………………………… 86
  4.3.3　相対評価と偏差値の限界…………………………………… 87
  4.3.4　到達度評価（絶対尺度）の難しさ………………………… 89
 4.4　テスト法の技術革新……………………………………………… 90
  4.4.1　多数テストの同時分析……………………………………… 90
  4.4.2　項目反応理論の進歩………………………………………… 91
  4.4.3　テストに必要な計画性……………………………………… 96
  4.4.4　テスト方法のイノベーション……………………………… 99
 4.5　わが国の現状と課題……………………………………………… 101
  4.5.1　テスト環境の整備…………………………………………… 102
  4.5.2　テスト情報の公開…………………………………………… 104

5.　社会調査の発展……………………………………（髙倉節子）… 109
 5.1　はじめに…………………………………………………………… 109
 5.2　日本における社会調査のはじめ―「日本人の読み書き能力調査」 110
 5.3　1950年代の意識調査・世論調査および,「国民性調査」をめぐって 115
 5.4　予測調査, 選挙予測調査………………………………………… 119
 5.5　1950～1960年代の調査の展開―市場調査, 世論調査など………… 121
 5.6　1970年代以後の展開―国際比較にむかって…………………… 123
 5.7　動く集団の調査…………………………………………………… 125
  5.7.1　電話による調査とその問題点……………………………… 126
 5.8　インターネット調査の展開……………………………………… 129
 5.9　社会調査の変遷をふまえ, 今後の調査の展望へ……………… 131

Part Ⅲ　応用領域

6. 国際比較政治研究と計量政治学······················(猪口　孝)··· 134
   6.1 アジア研究と計量政治学···································· 134
   6.2 選挙と投票··· 135
   6.3 価値観と規範意識··· 136
   6.4 政 治 主 体··· 138
   6.5 政 治 体 制··· 138
   6.6 同盟ネットワーク··· 139
   6.7 交渉過程と結末·· 140
   6.8 軍備拡張・軍備縮小··· 140
   6.9 政策路線変更·· 141
   6.10 展　　望··· 142

7. 「生と死」の行動計量―QOL評価測定尺度の研究―···(丸山久美子)··· 145
   7.1 「生と死」の行動計量······································· 145
   7.2 QOLの系譜··· 147
   7.3 QOL評価測定尺度の実証的研究················ 149
   7.4 お わ り に··· 153

8. 1960年代から21世紀にいたる計量医学発展の軌跡
   ―日本行動計量学会の歩みとともに―······················(宮原英夫)··· 156
   8.1 は じ め に··· 156
   8.2 医学研究の動向―1950年代から1973年までの展開············ 157
   8.3 医学研究と多変量解析―1973年から1982年までの展開········ 160
   8.4 EBMと医学研究―1983年から1992年までの展開············ 166
   8.5 コンピュータと脳研究―1993年から2003年までの展開········ 169
   8.6 医学研究とQOL―2003年以降の展開················· 177
   8.7 今後の発展··· 179

9. 実証科学と方法論科学のコラボレーション……………(木下冨雄)… 182
  9.1 問題の所在 …………………………………………………………… 182
  9.2 ユーザーの不満やニーズの抽出 ………………………………… 183
  9.3 ユーザーの抱える不満やニーズ ………………………………… 184
    9.3.1 ユーザーの無知による誤解 ………………………………… 185
    9.3.2 解説書やマニュアルの不備についての指摘 ……………… 185
    9.3.3 既存の統計ソフトについての注文 ………………………… 186
    9.3.4 新しい解析手法の開発と統計学的発想の明確化についての希望… 187
    9.3.5 解析手法の効用と限界についての提示 …………………… 190
    9.3.6 解析手法の頑健性と安定性についての要望 ……………… 191
    9.3.7 アルゴリズムの問題 ………………………………………… 192
    9.3.8 統計の科学からデータの科学へ …………………………… 194
  9.4 ないものねだり …………………………………………………… 195
  9.5 ユーザーとメーカーのコラボレーションの場をどうして確保するか 198
    9.5.1 コラボレーションの方法 …………………………………… 198
    9.5.2 コラボレーションの場所 …………………………………… 199

付録：日本行動計量学会史……………………(森　裕一・森本栄一)… 203
  1. 歴代理事長と歴代運営委員長・編集委員長 ……………………… 203
  2. 歴代大会と大会実行委員長 ………………………………………… 203
  3. 日本行動計量学会賞受賞者 ………………………………………… 205

索　引……………………………………………………………………… 207

Part I

数理的方法論

　多変量解析がわが国で普及しはじめたのは，1960 年代前半から 1970 年代前半にかけてであり，行動計量学シンポジウム（1969〜1972 年），および日本行動計量学会の設立（1973 年 9 月）と軌を一にした．医学における判別分析，心理学における因子分析は多変量解析の利用の嚆矢といえるものであったが，その後各領域における利用が加速化した．

　行動計量学の方法論の多くは，多変数間の相関関係を出発点にすることが少なくない．多変量解析の方法は，大きく分けると次の 4 つの手法群に分かれる．
① 独立変数が量的，かつ量的変数で表される外的基準が存在する（重回帰分析）
② 独立変数が量的，かつ質的（カテゴリ）変数で表される外的基準が存在する（判別分析）
③ 外的基準が存在しない（主成分分析）
④ 潜在変数で表される外的基準が存在する（因子分析）
それぞれの発展の歴史が第 1 章で詳述される．

　第 2 章で詳述される林知己夫による数量化理論第 I 類，数量化理論第 II 類は，それぞれ重回帰分析，判別分析において分析に用いる独立変数が質的データの手法である．さらに林によって 1950 年代に提唱された数量化理論第 III 類は，2 組の質的データの関連を分析する方法として著名である．その後にフランスで生まれた，対応分析（コレスポンデンス分析）の先駆的存在であった．

　ところで，判別分析は，事前確率から事後確率を推定するベイズ確率による意思決定の方法とみなすことができる．松原望によれば，フィッシャーによる尤度原理（最尤法を含む）は，ベイズ法に限りなく近いものである．症状 x によって特徴づけられる疾病の確率 $P(x)$ に事前確率 q を掛けて得られる $qP(x)$ を事後確率とみなして，判別診断の原理とするのがベイズ確率に基づく判別診断法となる．第 3 章ではこうした意思決定理論を紹介する．

［柳井晴夫］

1

多変量解析の動向

1.1 多変量解析の歴史とその発展

1.1.1 多変量解析に関する書物の刊行

人間が行う，読む，聞く，見る，問題を解く，判断をくだすなどのいろいろな機能を細かく分析してみると，実に複雑な情報処理の過程が含まれていることが次第に明らかにされてきた．とくに，人間がさまざまな場合において，多くの情報を総合して判断をくだす方式はきわめてまちまちである．

多変量解析とは，何らかの対象に対して複数個の観測値からなる変数が与えられている場合，これらの変数を個々に独立させずに，多変量によって特徴づけられる多変量データの相関関係を分析する一連の統計的手法の総称である．

歴史的にみると多変量解析に関する多くの理論はイギリスのゴルトン（F. Galton），ピアソン（K. Pearson）によって19世紀末に確立された2変量間の相関係数の概念を基本に，20世紀前半におけるフィッシャー（R. A. Fisher），ホテリング（H. Hotelling），マハラノビス（P. C. Mahalanobis），20世紀後半におけるラオ（C. R. Rao），アンダーソン（T. W. Anderson）などの数理統計学者によって1変量から多変量への理論として拡張され発展してきた．

これらを基に，20世紀における多変量解析諸技法を用いた研究動向に関する国内外の状況を探ってみよう．多変量解析の諸技法を解説した書物の刊行は1950年代のRao(1952)，Roy(1957)，Kendall(1957)，Anderson(1958)にはじまり，わが国においては，1960年代から70年代にかけて，塩谷・浅野(1966)，芝(1967)，奥野他(1971)が出版された．多変量解析全般を取り扱った書ではな

いが，竹内(1963)の第32，33章，Rao(1965, 1973)の第8章は，多変量解析の各種手法の記述とその推測統計学的性質をコンパクトにまとめたもので，その後出版された多変量解析の書物に多大な影響を与えた．とくに，筆者自身が大学院時代（1965～70年）に学んだ多変量解析は，上記，竹内の2つの章，Raoの第8章，単行本として出版された塩谷・浅野(1966)，芝(1967)，後述するHorst(1965)，およびCooley & Lohnes(1962)などであり，これらの影響で，竹内・柳井(1972)，柳井・高根(1976, 1985)などを出版することができたといえよう．1970年代の後半から80, 90年代にかけて，諸外国で発行された多変量解析全般を取り扱った書物は40冊をくだらない．そのうち著名なものをあげればFornell(1982)，Press(1982)，Eaton(1983)，Anderson(1984, 2003)，Dillon & Goldstein(1984)，Stone(1987)，Krzanowski(1988)，Gifi(1990)，Giri(1996)，Rechner(1998)，Blodeau & Brenner(1999)などと目白押しである．わが国においても1980年代に入ると，田中他(1984)，柳井・高木(1986)など，計算機プログラムを掲載した書物が出版されるようになり，引き続いて1990年代になると，塩谷(1990)，柳井(1994)，大隈他(1994)，高根(1995)，水野(1996)，豊田(1996)，前川(1997)，狩野(1997)などが出版された．前川，狩野の書物のように，SASなどに含まれる既成のプログラムパッケージの解説も含まれているものが出版されるようになったのは1980年代以降のパーソナルコンピュータ（パソコン，PC）の著しい普及によるものであろう．また，21世紀になると，変数間の背後に潜む因果関係をどのように表すことができるかという観点から，グラフ表示を重視した多変量解析の書物が出版された（たとえば，甘利他, 2002)．

こうして，多変量解析の応用は，1970年代から90年代にかけて主に行動科学とよばれる多岐の分野で定着した．後述するように，1973年の日本行動計量学会の発足は，行動科学の分野における多変量解析の応用を促進したといっても過言でない．

この時期に刊行された和書としては，社会科学，人文科学全般にわたる応用事例を紹介した鈴木・竹内(1987)および柳井他(1990)，心理学・教育学の応用事例を紹介した渡部(1988, 1992)，工学の分野の応用事例を手広く紹介した吉澤・芳賀(1992, 1997)がある．また，柳井他(2002)は20世紀において適用さ

れた各分野における多変量解析の適用例を 73 章にわたって紹介している.

多変量解析全般について解説した総説には，竹内(1965)，Rao(1983)，Sibson(1984)，Shervish(1987)，藤越・柳井(1993)などがある．このうち，Rao は，1981 年にコネチカット大学で行われた「多変量解析の起源と発想に関する回想」という講演で，「多変量解析の研究は今日においても発展途上にあり，実際的問題に多変量解析を適用するに当たって十分な回答が与えられていない問題が山積している」と指摘し，その後の多変量解析研究の発展を促進した．Shervish は，Anderson(1984) と Dillion & Goldstein(1984) の書評，および 7 人のコメントをふまえ多変量解析の現状を論じ，当面の多変量解析の課題として，① 多変量解析における新しい数学モデルの構築，② 実際問題を多変量解析に適用する場合に派生するさまざまな問題の具体的解決，という 2 点をあげている．藤越・柳井は，前半が多変量解析の推測的側面，後半が記述的側面とバランスのとれた記述をしている．

わが国の研究者による多変量解析に関する英文の書物も Takeuchi et al. (1982)，Siotani et al.(1985)，Kariya(1985)と続いて出版された．

多変量解析の多くの手法における基本的なねらいは，多変量データに含まれる冗長な情報の排除にある．これは，線形数学の文脈でいえば，多変量データ X をなるべく低次元の行列 Y によって近似させる，すなわち，$\|X-Y\|^2 = $ trace$(X-Y)'(X-Y)$，を最小にする Y を探索することである．このための手法として，射影行列（柳井・竹内, 1983；Yanai et al., 2011）の利用が有効である．すでに示したところの竹内・柳井 (1972)，さらに，この著に基づく Takeuchi et al.(1982)，および，Eaton(1983)，Stone(1987)，Whittaker(1990)はいずれも線形空間における幾何学的アプローチを重視している．竹内・柳井 (1972)の「はしがき」には，「この本はいくつかの多変量解析の手法を統一的観点から体系的にまとめて説明しようと試みたものである．すなわち，多変量解析の多くの手法は，多種類のデータを比較的少数のデータ全体の構造をよく反映すると思われる指標にまとめることを目的としていると考えることができる．そして，中でも，データが連続量の場合，あるいは場合によっては離散量であっても，その指標とデータの線形式として構成する場合が多い．このような場合には，いくつかの手法を線形空間からその部分空間への射影という観点

からまとめて理解することができる」と述べている．

1.1.2 多変量解析法の分類と各種手法の概観

多変量解析の各種技法は多元的構造を有しているとみられる事象そのもの，または，その事象の背後にあると想定される多数の要因を分析対象として，データに含まれる興味深い構造の探索を行うことを目的とした統計的手法の集合で，それらは，次のように分類される．

(1) 事象の簡潔な記述と情報の縮約により，その多次元的構造をあらわにする（特異値分解，主成分分析，独立主成分分析）
(2) 事象の背後にある潜在的因子を探索し，その次元の意味を明らかにする（因子分析）

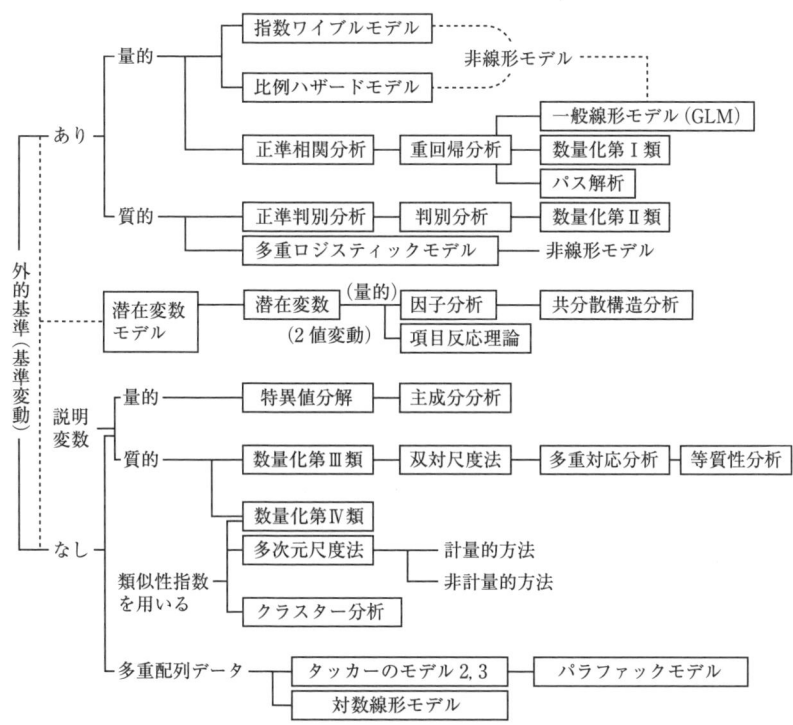

図 1.1 多変量データ解析法の分類（柳井，1994 を一部改変）

(3) 事象を規定する複雑に絡み合った要因の査定を行う（重回帰分析）
(4) 未知データの分類と判別を行う（判別分析，クラスター分析）
(5) 質的データの数量化を行い，その多次元的構造を明らかにする（数量化理論，多重対応分析）
(6) リスク因子の発見—非線形モデル（ロジスティックモデル，比例ハザードモデル）
(7) 潜在変数相互の関連の分析（構造方程式モデル；共分散構造分析）
(8) 多重配列データの構造分析（タッカーのモデル；対数線形モデル）

これらの多変量解析の手法は，外的基準の有無，分析に用いられる変数の個数，種類（量的，質的），潜在変数の有無によって図 1.1 のように分類される．以下に，これらのうちの主要な方法について，発展の歴史をたどってみよう．

1.2 各種多変量解析技法の発展

1.2.1 因子分析—1 因子モデルから多因子モデルへ

多変量解析の手法のうち，歴史的に最も古くから開発されたものに因子分析がある．

20 世紀の初頭，因子分析法の創始者として著名なイギリスのスピアマン（C. Spearman）は，知能はあらゆる知的活動の根底に内在する共通因子（一般因子）と，相互に独立な個々の知的活動に固有の独自因子からなるという知能の 2 因子説を発表し，これが契機となって，因子分析の 1 因子モデルが提案された（Spearman, 1904）．1930 年代となると因子分析の研究はイギリスからアメリカ大陸に移動した．米国ノースカロライナ大学のサーストン（L. L. Thurstone, 1936）は，54 種類の知能テストを 150 名の大学生に実施，知能が「言語力」「文章理解力」「数的推理」「計算力」「知覚力」「記憶力」「帰納的推理」「演繹的推理」といった 8 つの要素から成り立っていると主張する知能の多因子説を発表し，因子分析の 1 因子モデルを多因子モデルに拡張した．なお，この当時は，バリマックス回転などの因子軸回転方法が開発されておらず，2 つの因子を取り上げて単純構造を満たすように，2 つの軸を回転するグラフ軸回転が利用されていた．上記の因子分析法の発展は主に計量心理学者の手による

もので，これらの因子分析関連研究の多くは Thurstone が中心になって 1936 年に設立した Psychometric Society の学術誌 "*Psychometrika*" を中心に発表され，現在に至っている．なお，1986 年に高根芳雄（マッギル大学，カナダ）が日本人ではじめての Psychometric Society 会長に就任し，90 年代になると，西里静彦（元トロント大学，カナダ），鮫島史子（テネシー大学，米国）の諸氏が続いた．また，2001 年には大阪で，2007 年には東京で，International Psychometric Society が開催され，それぞれのプロシーディングスが発行された（Yanai *et al.*, 2003；Shigemasu *et al.*, 2008）．

Thurstone は 1935 年に "*Vectors of Minds*" を出版して，因子分析の基本概念をベクトルを用いて解説した．筆者自身，大学院修士課程の一年次（1965 年）の夏休みに上記書を図書室で発見し，いきも切らずに読みきったことを覚えている．この書物は筆者自身その後の研究に多大な影響を与えた．Thurstone は引き続いて因子分析モデル（母数モデル，変量モデル）における基本性質について，Thurstone(1947)で詳述した．これに続く因子分析の名著として Harman(1960, 1967, 1976)があげられる．この著書においては，因子分析における座標軸の回転など，記述的側面を詳しく解説している．Horst は 1965 年 "*Factor Analysis of Data Matrix*" というタイトルのもと，多変量データ行列 X が与えられた場合の多変量解析の諸技法について行列理論を用いて見事にまとめた．この本は因子分析の各種手法だけでなく，後述する正準相関分析（多群を含む）までの解説を体系的に行っているもので，因子分析というよりは，むしろ多変量解析の書物の範疇に含めるべきものであろう．

わが国の研究者による因子分析関連書物の出版の嚆矢は清水・斎藤(1960)，三好(1962)である．それに続いて出版された浅野(1971)，芝(1972, 1979)によって因子分析の利用がわが国に定着した．因子分析モデルにおける推測的側面をより重視した書物としては，Lawley & Maxwell(1963)とその翻訳（丘本，1970）が出版された．その後，因子分析の推測統計的側面が強調された丘本(1986)，市川(2010)，因子分析の記述的側面と推測的側面をともに解説したバランスのとれた書物（柳井他, 1990）が出版された．なお，1980 年代に発行された因子分析の好書として，Bartholomew(1987)をあげておく．

1970 年代から 80 年代にかけて，因子分析に関する研究論文は "*Psycho-*

metrika" 誌を中心に増加し，Anderson (1984) は初版の Anderson (1958) に新しく因子分析の章を付加し，多変量解析における因子分析の重要性を世界に発信した．さらに丘本 (1986) は，因子分析が理論的にも方法論的にも興味ある問題を内包している点を指摘している．このほか，因子分析に関するサーヴェイ論文としては，Mulaik (1986), Yanai & Ichikawa (2007) がある．これらの論文のいずれもが，因子の不定性について言及している．

因子分析に関する優れた理論研究は，先に述べた "*Psychometrika*" に掲載される．20 世紀においてわが国の研究者によって発表されたものに，Ihara & Kano (1986), Yanai & Ichikawa (1990), Ichikawa (1992), Kano & Harada (2000) などがある．

因子分析の応用という観点からいえば，心理学・教育心理学の分野における因子分析の利用は枚挙にいとまがない．

1965 年 1 月から 1999 年 6 月までに発行された教育心理学研究・心理学研究に掲載された論文における因子分析，およびその手法の利用頻度について調べた柳井 (2000) によると，掲載論文総数に対する因子分析を用いた論文数の割合は年を追うにつれ次第に増加し，1990 年代前半は 22 ％，後半は 30 ％近くになっている．さらに，因子回転の方法としてはバリマックス回転がその主流で，「主因子解→バリマックス回転」が因子分析の定石となっていたが，1990 年代から 2000 年代になると，1964 年に Hendrickson & White によって導入された斜交軸を因子とするプロマックス斜交回転法の利用が急速に増加し，2000 年以降もその傾向が続いている．

なお，因子構造行列 A を与えられた仮説因子構造行列 B に近づける，すなわち，trace$(B-AT)'(B-AT)$ をするように回転行列 T を求める回転法がプロクラステス回転とよばれるもので，$T'T=I$ という制約条件をつけたものが直交回転，Diag$(T'T)=I$ という条件をつけたものが斜交回転となる．ここで，仮説行列 B にバリマックス回転後の因子負荷量を奇数乗したものを用いて，回転行列 T を定める回転法がプロマックス回転とよばれるものである．Adachi (2009) は次節で述べる主成分分析に関連し，主成分得点，および主成分構造行列をある仮説行列に同時に近づける同時プロクラステス (joint procurustes) 回転法を開発した．

1.2.2 主成分分析

主成分分析は多変量データ解析における最も基本的な次元縮小の方法で，その記述に多変量解析の全般的解説書では必ずといってよいほど多くのページが割かれている．主成分分析に的を絞った著書 (Jollife, 1986; Jacson, 1991) も1980年代以降出版されており，この意味でも主成分分析は今日においても多変量データ解析における主要な手法といえよう．

主成分分析の数学的原理は，多変量データ行列 X をできる限り少数の次元をもつ行列 F で近似する方法である．なお，主成分分析についてはいくつかの拡張が行われている．そのうちの1つ，「外的基準を含む主成分分析」は，主成分分析の対象となる多変量データの各個体について性別，年齢別，出身地域別のような外的基準の情報を除去した主成分を抽出するもので，最初Tukey(1962)によってその考え方が示唆され，Rao(1964)によって定式化された．これらの適用例には，Yanai(1970)がある．Takane & Shibayama(1991)，高根(1992)はこれらを含む一般化された主成分分析の方法を提唱し，それらを制約つき主成分分析 (constrained principal component analysis) と命名した (高根, 1995).

ところで，1990年代になって，工学の分野で ICA (独立成分分析; independent component analysis) が提唱され注目を浴びている．主成分分析が合成変数 $f = Xa$ の分散を最大にするように重みづけするものであるのに対し，ICAは合成変数の尖度を最大にするように重みづけを行うもので，広い意味で射影追跡 (projection pursuit) の方法とみなすことも可能である．射影追跡は多次元空間における変数，または個体を，なるべく少数（できれば，1〜2次元）の空間に射影する方法の総称で，主成分分析をその特別な場合に含むものである．なお，射影追跡の原理，その応用については，Friedman & Tukey (1974)，Huber(1985)などを参照されたい．

1.2.3 多次元尺度法

主成分分析は，多変量データが与えられている場合の次元縮小の方法であるが，MDS (多次元尺度; multi-dimensional scaling) 法は複数の個体間の類似性データが行列 $D^{(2)}$ によって与えられている場合に，座標行列を A としたと

き,
$$\|D^{(2)}-AA'\|$$
を最小とするような A を求める方法である.

類似度 $D^{(2)}$ が間隔尺度で与えられている場合の手法である計量的 MDS が Torgerson(1958)によって,類似度が順序尺度,あるいは名義尺度で与えられている場合の非計量 MDS が Shephard(1962)および Kruskal(1964)によって発表された.計量的 MDS は理論的には Gower(1966)による主座標分析 (principal coordinate analysis) と一致する.MDS において分析の対象となる類似度行列は対称行列であるが,n 人の被験者の m 個の対象に対する好みの評定値に基づいて,理想点と対象点を同時に多次元空間に布置する展開法 (unfolding method)(Schnemann, 1970)とよばれる手法がある.これらの手法の原型は 1960 年代に確立されたが,1970 年代に入って複数個の類似度行列からそれらに共通する成分と独自な成分に分解する個人差 MDS(Caroll & Chang, 1970),1970 年代後半から 80 年代にかけての最尤法に基づく MDS (Takane, 1981),そして 1970 年代後半から 90 年代にかけてわが国の研究者によって非対称類似度行列に基づく種々の MDS の方法(Okada & Imaizumi, 1997;千野, 1997)が発表された.

1.2.4 重回帰分析

重回帰分析とは,景気予測,需要予測といった経済的問題,選挙における有権者の投票行動,生活習慣に基づく疾病の予測といった問題を取り扱うもので,目的変数 Y を事前に与えられた多変量データ $X=(X_1, X_2, \cdots, X_p)$ の線形結合,Xb によって,予測誤差 $\|y-Xb\|^2$ を最小にするように,係数 $b'=(b_1, b_2, \cdots, b_p)$ を求める問題に帰着される.なお,上記 y の予測値ベクトルは直交射影行列
$$P_X=X(X'X)^{-1}X'$$
の導入により,$Xb=P_Xy$ と表される.重回帰分析を含む線形モデルに関する文献として,Draper & Smith(1966),Chatterjee & Price(1977),Seber(1977),佐和(1979)があげられる.1980 年代になると,重回帰モデルに関するさまざまな発展を詳細に記述した書物が発行されるようになった.1 つの個体を除去した場合,回帰係数にどのように影響を与えるかについて調べる回帰診断が

Besley et al. (1980), Cook & Weisberg (1982) によって広まった. この回帰診断においては, 先に示した直交射影行列 P_X の対角要素として計算される, てこ比 (leverage) という概念が導入された. なお, 変数間に強い相関が存在する場合には, リッジ回帰や主成分回帰が提案されている. ところで, 多変量データの解析にあたっては, 分析結果を大きく左右する少数の外れ値の摘出, とくに多変量外れ値 (multivariate outlier) の摘出が不可欠である. 多変量外れ値の存在を見出す方法の1つに, 感度分析 (sensitivity analysis) がある (Tanaka & Okada, 1989；田中, 1992を参照). また, 書物としては Chatterjee & Hadi (1988) が興味深い. この本では, 重回帰分析において各種の診断法としての各種偏回帰プロットの方法が紹介されている.

Nelder & Wedderburn(1972), McCullagh & Nelder(1983)によって提唱された GLM (一般線形モデル；generalized linear model) は, 上記の重回帰分析, 数量化第Ⅰ類, 分散分析多元配置モデル, 多重ロジスティック分析, 生物検定で用いられるプロビット分析などを, その特殊な場合として含むもので, データ解析における GLM の重要性は今後ますます高まっていくものと推測される. 一般線形モデルとほかの統計的手法の関連についての優れた解説書として, Dobson(1990) (田中他訳, 2008) をあげておく. なお, 重回帰分析において得られる標準偏回帰係数の有用性については, 計量疫学の分野から批判した論文 (Greenland et al., 1986) がある.

重回帰分析は y と X の線形従属ベクトル $X\beta$ の相関係数, すなわち, $(y, X\beta)/(\|y\|^*\|X\beta\|)$ を最小にする β の推定値 b を求める手法に帰着されるが, y と Xc の共分散 $(y, Xc)/n$ を $c'c=1$ の条件で最大にするようにして得られた c によって構成される Xc を予測値ベクトルとする手法に PLS (partial least square) 回帰という方法がある (三輪他, 2002).

なお, y を基準変数, $X_1, X_2, \cdots, X_p$ を独立変数とする重回帰分析において, 得られた重相関係数の平方が, y と $X_1, X_2, \cdots, X_p$ の相関係数の平方和 $(r(y, X_1)^2+\cdots+r(y, X_p)^2)$ を超えることがある. このような状態 (増強, enhancement) が起こりうるさまざまな条件について考察した研究が1980年代以降, 多数みられるようになった (たとえば, Cuadras, 1993を参照).

1.2.5 正準相関分析

多変量データ解析の諸技法を統一的に俯瞰する試みは，古くは Mckeon (1964)にはじまり，竹内・柳井(1972)，柳井(1974)，麻生他(1987)などにみられるが，その多くは正準相関分析を中心に議論を展開している．柳井(1974)は p, q ($p>q$ と仮定) 個の 2 変数群 X, Y の正準相関係数の平方和を q で除した，$D_c(X, Y) = \text{trace}(P_x P_y)/q$，を一般化決定係数と命名した．$X, Y$ の一方の変数 Y が 1 変数 y しか含まない場合には，上式は重相関係数の平方に，X, Y ともに 1 変数の場合には相関係数の平方に帰着される．正準相関分析によって得られた正準変数や正準構造の解釈をより明確にするために Stewart & Love (1968)によって冗長性係数の概念が導入された．国生他(1990)は，新性格検査と YG 性格検査の正準相関分析を行って，それぞれの検査の冗長性係数を求めた結果，YG 性格検査の方が新性格検査に比べてやや冗長であることを見出している．このような冗長性係数の導入に伴い，冗長性分析（van den Wollenberg, 1977；Saito, 1995）が発展した．Ten-Berge(1993)は，冗長性分析を多変量重回帰分析の最小基準である $\|Y-XB\|$ の未知母数行列 B の階数 (rank) が Y に含まれる基準変数の個数より小さいという制約条件で導いている．ところで，1960 年代から 70 年代にかけて，Rao & Mitra(1971)により一般逆行列の概念が導入され，多変量解析において用いられる相関係数行列が正則でない場合にも，重回帰分析や正準相関分析が可能となった．Khatri(1976)は，2 変数群，X, Y の標本分散共分散行列，$S_{XX}=X'X$，$S_{YY}=Y'Y$ が正則でない場合に，S_{XX}, S_{YY} の一方の一般逆行列の選び方によらず，正準相関係数が一意に定まることを示した．Rao & Yanai(1979)，Rao(1981)は正準相関係数の値が，S_{XX}, S_{YY} の双方の一般逆行列の選び方によらないことを示した．このような一般逆行列の導入により，射影行列は，階数が変数の個数より小さい行列に定義することができるようになった．このため，x, y の一方の変数の分散 0 の場合，一般化決定係数の値は 0 になることが示される．

ところで，正準相関分析に関して，大変興味深い性質が存在する．Jewell & Bloomfield(1983)は 2 組のデータ行列 X, Y に基づく共分散行列とその逆行列

$$S = \begin{pmatrix} S_{XX} & S_{XY} \\ S_{YX} & S_{YY} \end{pmatrix} = (1/n)\begin{pmatrix} X'X & X'Y \\ Y'X & Y'Y \end{pmatrix}, \quad S^{-1} = \begin{pmatrix} S^{XX} & S^{XY} \\ S^{YX} & S^{YY} \end{pmatrix}$$

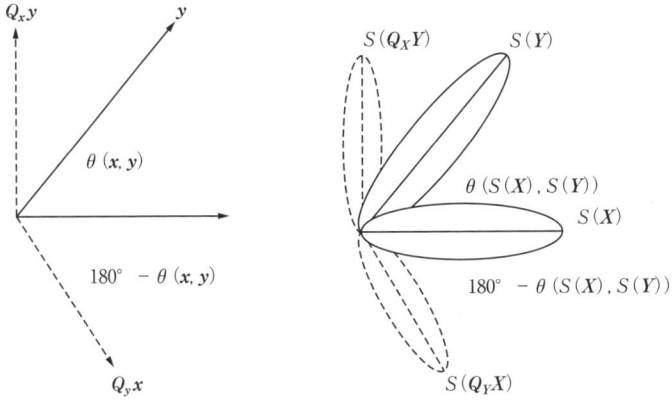

図1.2 残差項に基づく回帰分析と正準相関分析のベクトル的表現

から計算される正準相関係数に関して
$$cc_j(S_{XX}^{-1}S_{XY}S_{YY}^{-1}S_{YX}) = cc_j((S^{XX})^{-1}S^{XY}(S^{YY})^{-1}S^{YX})$$
が成立することを示した. X, Y の j 番目の正準相関係数を $cc_j(X, Y)$ と定義すれば, 上式は, $cc_j(X, Y) = cc_j(Q_X Y, Q_Y X)$ に等しくなることを意味する. ただし, $Q_X Y$ は, X から Y を予測した場合の多変量回帰分析における残差項であり $Q_Y X$ は, Y から X を予測する多変量回帰分析における残差項である (Baksalary et al., 1990). ここで, X, Y にそれぞれ1変数 x, y しかない場合は, $r(Q_x y, Q_y x) = -r(x, y)$ となることは, 図1.2から明らかである.

このほかの正準相関分析に関する研究としては, X と Y の正準相関分析において, 追加された変数群の冗長性の研究 (Fujikoshi, 1982), 2組の多変量データ X, Y の相互関連の指標について整理した研究 (Ramsay et al., 1984), 3組以上の変数群がある場合の正準相関についての研究 (Kettenring, 1971 ; van de Geer, 1984 ; Campbell & Tomenson, 1983), 非線形正準相関の研究 (van der Burg & de Leeuw, 1983 ; 麻生他, 1987 ; 大津他, 1996), 正準相関分析で得られる重みベクトルに, $Ha=0$, $Gb=0$, といった制約条件をつけた Yanai & Takane (1992) による研究などがある. 正準相関分析は主成分分析と関連づけて用いられることは少なかったが, Gittins (1980) は, 植物と動物の全体としての相互関連の強さの計量の必要性を背景にして, 生態学における正準相関分析

の利用を推奨している．正準相関分析は2変数群の関連を分析するものであることを利用して，Levine(1977)は同一変数群を用いて男女別に計算された因子負荷量行列の同等性を比較する因子比較の方法を正準相関分析の枠組みで解説している．

1.2.6 判別分析

1930年代から40年代にかけて各種人類学的データに基づいて，新たに発掘された人骨がどの種族に属しているかを推定する手法として判別分析法が発展した．1940年代からこのような問題に取り組んでいたインドの統計学者Raoは，判別分析に含める変数の個数が多すぎると，計算量が膨大になり，判別分析の過程で必要となる逆行列の計算が困難になるというせっぱ詰まった理由により判別分析の変数選択の研究をすることを余儀なくされたと述懐している．なお，判別分析における2群の重心間の距離は1930年にインドの統計研究所を設立したMahalanobis(1936)によってマハラノビスの距離と命名された．

ところで，判別分析は2群の判別のみならず多群の判別に適用可能である．

正準相関分析において，一方の変数群が，被験者の所属するグループを示すダミー変数である場合，正準相関分析はRao(1952)によって，正準分析（canonical analysis），Cooley & Lohnes(1962)によって，重判別分析（multiple discriminant analysis），後述する多変量解析のソフトウェアSPSSでは正準判別分析（canonical discriminant analysis）とよばれる．

一方，p個の変数が多変量正規分布に従うという仮定から導かれる判別関数に関しては，これまで多くの研究（たとえば，Krzanowski, 1975；Otsu, 1975）がみられるが，1970年代後半から疫学の分野においては多変量正規性の仮定が必要とされない多重ロジスティック分析が多く用いられるようになってきた．

すなわち，医学疫学の分野においてはアメリカで1950年代から70年代にかけて継続して実施された虚血性心疾患を含めた各種循環器疾患におけるリスクファクター（危険因子）を明らかにするために大規模な前向き調査（その1つとしてフラミンガム調査が著名である）が行われたが，この過程でこれらの疾患に対するリスク評価の方法論として多重ロジスティックモデルが生まれ，

1990年から2000年代になると，2群の判別分析の多くは2項ロジスティックモデルという名前のもとに，とくに医学系の領域では多数の論文が発表されるようになった．多重ロジスティックモデルをはじめとする医学系データにおける多変量解析の解説書として，木原・木原(2008)をあげておく．多重ロジスティック分析は，医学，看護学研究でしばしば行われる，介入研究において，2群に関する独立変数，および目的変数に関する交絡変数が多数存在する場合，それらの交絡変数を調整する傾向スコア分析（Hoshino, 2006；星野, 2009参照）においても利用される．

2群の判別分析の適用例としては，THI（東大式健康調査）による心身症患者や神経症患者の判別（青木他, 1974），多群の判別分析の適用としては適性診断（柳井, 1967, 1973），計量診断（高橋, 1969；古川, 1982, 1996），筆跡鑑定（Sugiyama & Kurauchi, 1986；大塩・長谷部, 1991）などに利用されている．また，作者不明のある作品の著者を可能性の高い著者のリストから同定する問題にも判別分析が使われていることも指摘しておこう（村上, 1994）．

1.2.7　多変量生存時間データの分析法

たとえば，ある機械製品の寿命分布を示す確率密度関数を $f(t)$，その分布関数を $F(t)$ とするとき，ある時間 t における瞬間故障率は，故障関数とよばれる

$$\lambda(t) = f(t)/(1 - F(t))$$

で与えられる．このような寿命分布を示す関数として最も著名なものにワイブル分布がある．ここで，上式に機械の特性を規定する共変量の情報を考量した方法論として，1970年代になって，多変量生存時間データ解析の方法論として比例ハザードモデル（Cox回帰モデル）や指数ワイブルモデルが生まれた（Cox, 1972；柳井・高木, 1986；大橋・浜田, 1995）．これらの手法の適用例については，古川(1982, 1996)を参照されたい．こういったモデルは非線形モデルの範疇に属するものであるが，この非線形モデルの1つとして注目されているものに神経回路モデル（たとえば，Cheng & Titterington, 1994）があり，豊田(1996)はそれを用いて非線形多変量解析を発展させている．

1.2.8 因果関係を探る統計的手法—構造方程式モデル（共分散構造分析）

多変量データ解析における潜在変数モデルとしては，因子分析のほかに構造方程式モデル（共分散構造分析）と項目反応理論がある．共分散構造分析とは共分散行列 Σ をさまざまな形に分解する仮説モデルを設定して，共分散行列 S によってできる限り説明されるようにモデルに含まれる種々の母数の推定，およびその検定を行うもので，因子分析モデルをその特別な場合として含むものである．

共分散構造分析の理論と適用例については，以下の文献に詳細に記述されている．発行順に並べると Bollen(1989)，豊田(1992)，狩野(1997)，豊田 (1998a, b, 2000, 2003a,b, 2007, 2009) となり，この順に進めばよい．とくに豊田(1992)においては SPSS，狩野(1997)においては共分散構造分析の主要なプログラムである EQS・AMOS・LISREL の使用法について詳しい記述がある．なお，共分散構造分析においては，複数個の同値モデルの存在が研究されている (Lee & Hershberger, 1990；Mayekawa, 1994)

なお，因果分析の手法として知られているパス解析（path analysis）は古くは生物学者のライト（S. Wright）によって 1920 年代に着想され，社会学者の Blalock(1964)が変数間の相関，偏相関から因果関係を推定する方法として再度提案したものであるが，2000 年以降，方法論的には，共分散構造分析の特別の場合とみなすことができ，AMOS などの共分散構造分析の枠で計算することができる．

1.2.9 項目反応理論

多変量データに基づく潜在変数モデルとして最近注目されているものに IRT（項目反応理論；item response theory）がある．IRT は計量心理学の分野で開発されたもので，正解，不正解のように採点される 1 次元的構造をもつ 2 値反応データから，項目の難易度，識別度，被験者の潜在能力を推定することを目的としたもので，理論的には非線形因子分析の 1 因子モデルと等価であることが示されている（Takane & de Leeuw, 1987）．項目反応理論とその適用例については Hambleton & Swaminathan(1985)，芝(1991)を参照されたい．また，組織心理測定理論に項目反応理論を導入した渡辺・野口(1999)は興味深

い．なお，21世紀になって出版された項目反応理論に関する解説書として，豊田(2002a,b, 2005)がある．

1.2.10 多重配列データの分析法

同一変量，同一被験者による複数回繰り返し測定データのような3次元の多変量データに関する研究としては，Tucker(1966)による3相因子分析法，先に示した多次元尺度法における個人差MDS，Takane et al.(1977)によるALSCALがある．

Tuckerの方法から派生したものには，さまざまなものがあるが，その1つにKroonenberg & de Leeuw(1980)によるTucker2，村上(1990)，Kroonenberg & ten Berge(1989)，Murakami et al.(1998)による3相の主成分分析の方法がある．なお，同一変数を複数の集団に適用して得られる多変量データの主成分分析とその関連手法に関する記述が成書（Flury & Riedwyl, 1988）として出版されている．またAdachi (2011)は，同時プロクラステス回転法（Adachi, 2009）をTucker 2に適用した研究を発表している．

また，質的データの解析にも高次元のデータが利用される．3つの項目の3元分割表データが与えられている場合，それぞれの項目のカテゴリ間の関連が強くなるような数量化の方法に関しては岩坪(1975)の研究，多重配列データの特異値分解に関しては吉澤(1975, 1976)などの先駆的研究がある．1970年代の後半から80年代にかけて，この種の研究は多数みられるようになった．Lastovicka(1981)はTuckerの3相因子分析を拡張して4相の主成分分析を定式化した．

1.2.11 グラフ的方法

近年のコンピュータによるグラフィカル接近法，すなわち，統計的グラフィックス（たとえばCleveland, 1987；後藤他, 1988を参照）の方法は多変量解析の各種手法に利用されている．すでに1.2.4項で述べたように，重回帰分析における残差プロットなどの手法に基づいて検証される外れ値の検出法や，クラスター分析におけるデンドログラムの表示に関してはグラフ的表示が有効である．主成分分析によって多次元空間に布置された個体をいくつかの群に分類す

る場合にもグラフ的方法は有効である．1990年代の後半になって，グラフィカルモデルという分野が開拓された．その解説書として，Whittaker(1990)，Lauritzen(1996)，宮川(1997, 2004)をあげておく．また，共分散構造分析で利用される因果連鎖モデルをグラフィカルモデルとして記述する方法に関しての解説書（Pearl, 2000）が発行されている．

1.3 多変量解析の諸領域への適用をめぐって

1.3.1 多変量解析研究と関連学会の動向

わが国における多変量解析の発展に関して，先駆的役割を果たした領域は医学および心理学であろう．医学領域においては1950年代から60年代にかけ，計量診断の方法（高橋, 1969）として判別分析を中心とする多変量解析の諸技法が駆使されている．一方，心理学の領域においてもすでに述べたように1960年代に心理学者の筆による因子分析の書物が刊行されている．1965年11月に神奈川県の箱根で開催された日科技連数学計画シンポジウム「総合タイトル：因子分析」においては，主成分分析の経済学への応用，主成分分析の参議院選挙全国区の得票地盤の分析，医学における計量診断，NHKにおける視聴率の要因分析といったように，政治学，経済学，心理学，社会学，医学といった幅広い分野における多変量解析の応用が発表されている．

こうした1960年代の流れは1973年の日本行動計量学会（和文誌『行動計量学』，欧文誌 "Behaviormetrika" を発行）の発足によって加速化された．日本行動計量学会においては，医学，経済学，心理学以外の分野においても多変量解析の適用が促進された．1970年代以降，法律，経済学，政治学，社会学，言語学，心理学，教育学，地理学，工学，農学，生物学，医学，看護学など，いわゆる広義の人間行動を取り扱う行動科学（behavioral sciences）の分野において，多変量解析は統計的データ解析（statistical data analysis）の手法として注目されるようになってきた．日本行動計量学会の発行する和文雑誌『行動計量学』には，言語学の計量化，計量医学，質的データの解析，因果関係の推定，選抜試験をめぐって，交通行動研究の理論と応用，社会階層の計量化，大学における，一般情報処理教育，日本語観国際センサス，東アジア価値観国

際比較調査などの総合報告，特集が組まれ，それぞれ多変量解析の技法が用いられた論文が紹介されている．また，多変量解析に関連する方法論の特集として，多変量解析，因子分析，共分散構造分析などの特集が組まれている．

日本行動計量学会のほかに，多変量解析の手法が広く適用された研究が発表される学会として日本統計学会（雑誌"*Journal of Japan Statistical Society*"，年3回発行），応用統計学会（雑誌『応用統計学』，年2回発行），計算機統計学会などがある．多変量解析の手法の適用は法律，経済学，心理学，教育学，工学，医学などの多数の領域で行われており，その全貌を明らかにすることは困難であるが，今後もますます増加の一途をたどるものと期待される．

1.3.2 分野別の動向

続いて，分野別に多変量解析の応用研究の動向を探ってみよう．

法律・政治学　裁判の過程を計量的に取り扱う計量法律学（jurimetrics）の分野においては，重回帰分析，判別分析，さらに，質的データを用いた数量化理論第Ⅰ類，第Ⅱ類などが用いられる．その一例として，交通事故訴訟における慰謝料の分析，三井(1974)による，検察官の起訴猶予の裁量に関する分析などがある．また，政治学の分野では，政治意識の分析，選挙得票の予測などが行われている．また，政治学者が因子分析の応用の側面を解説したものに，Rummel(1970)がある．

なお，2000年代に入って，司法試験の受験者層を広げる一環として法科大学院が設立された．法科大学院に入学する基礎力である，読解力，推論力を測定する適性試験が導入され，その試験の信頼性・妥当性を検証したものに，前田他(2007)，椎名他(2007)がある．

経済学・経営学　計量経済学においては，豊富な経済データを用いて，回帰分析，主成分分析などの多変量解析，時系列解析などが駆使され，多変量株式モデル（刈屋, 1987）が開発された．このほか，経営学にも多変量解析の各種の技法を適用した興味ある文献に奥野・山田(1978)がある．

社会学・社会心理学　テレビの視聴率の分析，購買行動，各種の社会調査では，多変量解析の方法は比較的広く使用されている．このような領域におけるデータは，どちらかといえば，名義尺度からなる質的データが多く，数量化

理論の方法が最も早く導入された分野である．さらに，Blalockの因果モデルやパス解析の手法は，社会学者（安田・海野，1977；Bouden, 1971）によって，最も早くわが国に紹介された．また，因子分析を含めた，多変量解析の社会学への応用は，安田（1970初版，1976再版（安田・海野））によってまとめられている．また，社会学者の計量分析の動向は，1997年6月に発行の日本行動計量学会『行動計量学』の特集「社会階層の計量分析」を参照されたい．なお，社会調査の分野では，コンジョイント分析が多用されている．これについては，朝野(2000)を参照されたい．

心理学　心理学の分野においては，多変量解析のうち外的基準のない手法である因子分析，多次元尺度構成法が多く適用されており，理論的検討および適用例は枚挙にいとまがない（"*Psychometrika*"，『心理学研究』，『教育心理学研究』を参照）．主成分分析は，Harman(1976)の影響により，因子分析の特殊な場合であるとみなす風潮が心理学者の間には根強く，応用面でもそのような使い方がされている場合が少なくない．外的基準のある場合の手法である判別分析法を用いた研究は，重回帰分析の適用例と異なってあまり多くないが，大学の各専攻の適性診断を扱った研究（柳井，1967, 1973）が興味深い．また，いわゆる，心理テスト（YGテストなど）の妥当性および信頼性の検証に多変量解析の手法が多く適用され，斜交プロマックス回転法の利用により，13のすべての尺度が10項目ずつきれいに分離された新性格検査（柳井他，1987）が作成されている．性格の因子分析的研究の発展として，1980年代に性格の5因子論（FFM；five factor model）が発展し，わが国においてもその成果（柏木，1997を参照）が得られた．また，オランダ学派により，De Raad & Perugin (2002)が発行された．なお，1900年代から1980年代までの知能の因子分析的研究を集大成したものにCarroll(1993)がある．

大学入試研究　1979年に国公立大学の入学試験として導入された共通第一次学力試験は，1989年になって大学入試センター試験に変わり，一部の私立大学も入学試験の一部として採用するようになったが，こういった共通試験の導入により，全国の大学においては，重回帰分析，因子分析，主成分分析，正準相関分析といった多変量解析の手法を用いて，大学入学試験データの解析が進展し，共分散比，入れ替わり率といった新しい統計的指標が開発された．

こういった大学入試データの解析に関する研究動向については，柳井・前川(1999)を参照されたい．さらに，新しい入試研究のアプローチとして Tatsuoka & Tatsuoka(1987)によるルールスペース法も注目されている．また，テスト理論の 1950 年代から 20 世紀末までの発展をまとめたものに，Brennan(2006)がある．

言語学　主に心理学者の手によるもので，意味空間の因子分析的研究，文学作品の特性の因子分析的研究，言語学者によってインド・ヨーロッパ諸言語の因子分析的研究が行われてきたが，安本(1995)によって，これらの研究の集大成が試みられている．また，計量国語学会の機関誌『計量国語学』にもこれらの研究の系譜をたどることができる．

人類学　先に述べたように人骨の多元的計測値からその種族を判定する方法論として判別分析が発展したもので，その意味で，人類学におけるデータの手法として多変量解析は広く使われており，その成果は van Vark & Howells (1984) に集大成されている．

工学　建築学，都市工学の分野では，環境問題に関して，心理学・社会学の手法用いて，多変量解析の手法が導入されている．これらの動向については，吉澤・芳賀(1992, 1997)を参照されたい．

医学・公衆衛生学　医学の分野で多変量の手法が最も頻繁に用いられたのは，各種疾病の自動診断，すなわち，計量診断における判別分析の利用であった．わが国における計量診断の発展は高橋(1969)，古川(1982, 1996)に詳述されている．しかし，この種の多変量解析による計量診断は 1980 年代になると，手術後の患者の余命の推定といったような生存時間の解析を含めた多変量解析へと発展した．すなわち，患者の各種検査値に基づく判別診断ではなく，患者の予後という点から，時間因子 t を分析に考慮する手法（比例ハザードモデルなど）が利用されるようになった（古川, 1996）．心理テストと同様な作成手順で，多変量解析の各種の技法を用いて作成された質問紙法による健康調査 (THI（青木他, 1974），JMI（内山・小田, 1982）)，循環器疾患のリスク因子の探索に関する研究をまとめたもの（林, 1984），職種，飲酒歴，喫煙歴，食事の速さなどの生活習慣に関する項目に基づく胃がん患者の判別分析（柳井他, 1979）がある．さらに，肥満やストレスに基づく生活習慣病予防のための質問

紙検査尺度の研究が因子分析の利用により躍進し，ライフプランニングセンター（LPC）が中心になってLPC式検査が作成された．その詳細については，日野原他(1982)，佐伯他(1987)，を参照されたい．さらに，心身症，神経症などを総合的に判定する検査としてJMI健康調査（内山・小田, 1982）が作成されている．また，1990年代以降になると，医療や福祉を考量する上で，患者のQOL（生活の質；quality of life）の測定を目指す調査項目作成の研究が多変量解析を用いて行われるようになってきた．

1.3.3　多変量解析のソフトウェアについて

多変量データ解析に関する各種手法のソフトウェアとして世界的にみて最も定評があるのはSPSS，BMDP，SASといったアメリカで開発されたプログラムであろう．SPSSによる多変量解析のプログラムの解説書としては，柳井・緒方(2006)が参考になる．このほかに，わが国の研究者によって作成されたものに，田中・垂水・脇本（1984）に基づくプログラム，芳賀（1984）によるCDA，柳井・高木（1986）に基づくプログラム（HALBAU），日本科学技術研修所によるJUSE-MA 1，およびJUSE/MDSA，STATISTICAがあり，それぞれ，多くの研究領域で利用されている．

なお，共分散構造分析のSPSSによる利用法については，豊田(1992)，共分散構造分析の各種プログラム（AMOS, LISREL, EQS）の比較については，狩野(1997)を参照されたい．

1.3.4　今後の多変量解析の発展にむけて

本章で述べたように，心理学，社会学，言語学，教育学，地理学，医学，公衆衛生学，看護学といった多変量解析が適用可能な領域において，多変量解析の利用を希望する学生に，必要な種々の助言を与えることが可能な教育が十分に行われていくようになることを望みたい．21世紀における多変量解析の益々の発展に向けて，多変量解析が必要とされる大学の各種専門領域，および日本行動計量学会において，多変量解析を指導できる有能な人材の育成が不可欠である．

(本章は，柳井他（2002）の第73章を大幅に加筆，修正し，2000年以降の動向について新たに加筆した部分を加えたものである．ただし，数量化理論については割愛し，第2章の飽戸弘による「数量化理論」において詳述した．)

文　　献（刊行順）

Spearman, C. (1904). General intelligence objectively determined and measured. *American Journal of Psychology*, 15, 201-293.
Thurstone, L. L. (1935). *Vectors of Mind*. University of Chicago Press.
Mahalanobius, P. C. (1936). On the the generalized distance in statistics. *Proc. Nat. Inst. Sci.*, 12, 49-55.
Thurstone, L. L. (1936). The factorial isolation of primary abilities. *Psychometrika*, 1, 75-182.
Thurstone, L. L. (1947). *Multiple Factor Analysis*. University of Chicago Press.
Rao, C. R. (1952). *Advanced Statistical Methods in Biometric Research*. John Wiley & Sons.
Kendall, M. G. (1957). *A Course in Multivariate Analysis*. Charles Griffin. (浦　昭二・竹並輝之（訳）(1972)．多変量解析の基礎．サイエンス社．)
Roy, S. N. (1957). *Some Aspects of Multivariate Analysis*. John Wiley & Sons.
Anderson, T. W. (1958). *An Introduction to Multivariate Statistical Analysis*. John Wiley & Sons.
Torgerson, W. S. (1958). *Theory and Methods of Scaling*. Wiley.
Harman, H. H. (1960). *Modern Factor Analysis*. University of Chicago Press.
清水利之・斎藤耕二（1960）．因子分析法．日本文化科学社．
Cooley, W. W. & Lohnes, P. R. (1962). *Multivariate Procedure for the Behavioral Sciences*. John Wiley & Sons.
三好　稔（編）(1962)．心理学と因子分析．誠信書房．
Shephard, R. N. (1962). The analysis of proximities: Multidimensional scaling with an unknown distance function. *Psychometrika*, 27, 125-219.
Tukey, J. W. (1962). The future of data analysis. *Annals of Mathematics and Statistics*, 33, 1-67.
Lawley, D. N. & Maxwell, A. E. (1963). *Factor Analysis as A Statistical Method*. Butterworth. (丘本　正（監訳）(1970)．因子分析法．日科技連出版社．)
竹内　啓（1963）．第32, 33章　多変量解析その1, その2．竹内　啓（1963）．数理統計学．東洋経済新報社, pp. 335-357.
Blalock, H. M. Jr. (1964). *Causal Inference in Non-experimental Research*. The University of North Carolina Press.
Hendrickson, A. E. & White, P. O. (1964). Promax: A quick method for rotation to oblique simple structure. *British J. of Mathematical Statistical Psychology*, 17, 65-70.
Kruskal, J. B. (1964). Non-metric multidimensional scaling: A numerical merhod. *Psychometrika*, 29, 115-129.
Rao, C. R. (1964). The use and interpretation of principal component analysis. *Sankhya, Series A*, 26, 329-358.
Horst, P. (1965). *Factor Analysis of Data Matrices*. Halt Linehart Winston.
竹内　啓（1965）．多変量解析の問題点—経済データへの応用の観点から．季刊経済学論集, 31(1),

87-101.
Rao, C. R. (1965). *Linear Statistical Inference and Its Applications*. John Wiley & Sons.
Draper, N. R. & Smith, H. (1966). *Applied Regression Analysis*. John Wiley & Sons.
Gower, J. C. (1966). Some distance properties of latent roots and vector methods used in multivariate analysis. *Biometrika*, 53, 325-338.
塩谷 実・浅野長一郎 (1966). 情報科学講座 A. 5. 3 多変量解析論. 共立出版.
Tucker, L. R. (1966). Some mathematical notes on the three-mode factor analysis. *Psychometrika*, 31, 279-311.
Harman, H. H. (1967). *Modern Factor Analysis* (2nd ed.). University of Chicago Press.
芝 祐順 (1967, 第2版 1975). 行動科学における相関分析法. 東京大学出版会.
柳井晴夫 (1967). 適性診断における診断方式の検討 (Ⅰ) 多重判別関数と因子分析による大学の9つの系への適性診断. 教育心理学研究, 15(3), 17-32.
Stewart, D. & Love, W. (1968). A general canonical correlation index. *Psychological Bulletin*, 70, 160-163.
高橋晄正 (1969). 計量診断学. 東京大学出版会.
Caroll, J. D. & Chang, J. J. (1970). Analysis of individual differences in multidimensional scaling by an N-way Eckart-Young decomposition. *Psychometrika*, 35, 282-319.
Rummel, R. J. (1970). *Applied Factor Analysis*. Northwestern University Press.
Schönemann, P. H. (1970). On metric multidimensional unfolding. *Psychometrika*, 35, 349-366.
Yanai, H. (1970). Factor analysis with external criteria. *The Japanese Psychological Research*, 12(4), 143-153.
安田三郎 (1970). 社会統計学. 丸善.
浅野長一郎 (1971). 因子分析法通論. 共立出版.
Bouden, R. (1971). *Les Mathematiques en Sociologie*. Presses Universitaires de France.
Kettenring, J. R. (1971). Canonical analysis of several sets of variables. *Biometrika*, 58, 433-451.
Lawley, D. N. & Maxwell, A. E. (1971). *Factor Analysis as a Statistical Method* (2nd ed.). Butterworth.
奥野忠一他 (1971). 多変量解析法. 日科技連出版社.
Rao, C. R. & Mitra, S. K. (1971). *Generalized Inverses and Its Application to Statistical Problems*. John Wiley & Sons. (渋谷政昭・田辺国土 (訳) (1973). 一般逆行列とその応用. 東京図書.)
Cox, D. R. (1972). Regression models and life-tables. *Journal of the Royal Statstical Society, Series B*, 34, 187-220.
Nelder, J. A. & Wedderburn, R. E. M. (1972). Generalized linear models. *Journal of the Royal Statistical Society, Series A*, 135, 370-384.
芝 祐順 (1972). 因子分析法. 東京大学出版会.
竹内 啓・柳井晴夫 (1972). 多変量解析の基礎. 東洋経済新報社.
Rao, C. R. (1973). *Linear Statistical Inference and Its Applications* (2nd ed.). John Wiley & Sons. (奥野忠一他 (訳) (1980). 統計的推測とその応用. 東京図書.)
柳井晴夫 (1973) 適性診断における診断方式の研究 (Ⅱ). 教育心理学研究, 21(1), 148-156.
青木繁伸・鈴木庄亮・柳井晴夫 (1974). 新しい健康調査票 THPI 作成のこころみ. 行動計量学, 2(1), 41-53.
Friedman, J. H. & Tukey, J. W. (1974). A projection pursuit algorithm for exploratory data analysis. *IEEE Transactions on Computers*, C-23, 881-890.

三井　誠（1974）．検察官の起訴猶予裁量（4）．法学協会雑誌，**91**，1693-1738.
柳井晴夫（1974）．一般化決定係数による多変量解析の各種技法の統一的試み．行動計量学，**1**(1)，46-54.
岩坪秀一（1975）．3-way 離散データを分類する二つの技法―相関比と 3 次相関係数による分類．行動計量学，**2**(1)，54-65.
Krzanowski, W. J. (1975). Discrimination and classification using both binary and continuos variables. *Journal of the American Statistical Association*, **70**, 782-790.
Otsu, N. (1975). Nonlinear discriminant analysis as a natural extension of the linear case. *Behaviormetrika*, **2**, 45-59.
芝　祐順（1975）．行動科学における相関分析法（第 2 版）．東京大学出版会.
吉澤　正（1975）．分割表における数量化モデル―その理論的検討．行動計量学，**3**(1)，1-11.
Harman, H. H. (1976). *Modern Factor Analysis* (3rd ed.). University of Chicago Press.
Kahtri, C. G. (1976). A note on multiple and canonical correlations for a singular covariance matrix. *Psychometrika*, **41**, 465-470.
柳井晴夫・高根芳雄（1976）．多変量解析法．朝倉書店.
吉澤　正（1976）．交互作用概念の一般化と多重配列の特異値分解．行動計量学，**4**(1)，32-43.
Chatterjee, S. & Price, B. (1977). *Regression Analysis by Example*. John Wiley & Sons.
Levine, M. S. (1977). *Canonical Analysis and Factor Comparison*. Saga Publications.
　（柳井晴夫・新田裕史（訳）（1984）．人間科学の統計学 9　多変量相関分析の方法．朝倉書店.）
Seber, G. A. F. (1977). *Linear Regression Analysis*. John Wily & Sons.
Takane, Y., Young, F. W. *et al.* (1977). Nonmetric individual differences multidimensional scaling with optimal scaling feature. *Psychometrika*, **42**, 7-67.
安田三郎・海野道郎（1977）．社会統計学（改訂第 2 版）．丸善.
奥野忠一・山田文道（1978）．情報化時代の経営分析．東京大学出版会.
芝　祐順（1979）．因子分析法（第 2 版）．東京大学出版会.
Rao, C. R. & Yanai, H. (1979). General definition of a projector, its decomposition and applications to statistical problems. *Journal of Statistical Planning and Inference*, **3**(1), 1-17.
佐和隆光（1979）．回帰分析．朝倉書店.
柳井晴夫他（1979）．胃がんのリスク因子に関する統計的解析．日本公衆衛生誌，**24**，547-556.
Besley, D. A., Kuh, E. & Welsh, R. E. (1980). *Regression Diagnostics*. Wiley Interscience.
Gittins, R. (1980). *Canonical Analysis : A Review with Applications in Ecology*. Springer-Verlag.
Kroonenberg, P. M. & de Leeuw, J. (1980). Principal component analysis of three-mode data by means of alternating least squares algorithm. *Psychometrika*, **45**, 69-97.
Lastovicka, J. L. (1981). The extension of component analysis to four-mode matrices. *Psychometrika*, **45**, 47-57.
Rao, C. R. (1981). A lemma on g-inverse of a matrix and computation of correlation coefficient in the singular case. *Communications in Statistics, Theory and Methods*, **10**, 1-10.
Takane, Y. (1981). Multidimensional successive categories scaling : A maximum likelihood method. *Psychometrika*, **46**, 389-405.
Cook, R. D. & Weisberg, S. (1982). *Residuals and Influence in Regression*. Chapman & Hall.
Fornell, C. (1982). *A Second Generation of Multivariate Analysis*. Praeger Publishers.
Fujikoshi, Y. (1982). A test for additional information in canonical correlation analysis. *Ann. Inst. Math.*,

34, 137-147.
古川俊之(1982).コンピュータ診断.共立出版.
日野原重明・柳井晴夫・高木広文他(1982).循環器疾患予防のための生活習慣に関する研究.日本公衆衛生雑誌,29(7), 309-320.
Press, S. J. (1982). *Applied Multivariate Analysis*. R. E. Krieger.
Takeuchi, K., Yanai, H. & Mukherjee, B. N. (1982). *The Foundation of Multivariate Analysis*. Wiley Eastern.
内山喜久雄・小田 晋(編著)(1982).職場のメンタルヘルス.有斐閣.
Campbell, N. A. & Tomenson, J. A. (1983). Canonical variable analysis for several sets of data. *Biometrics*, 39, 425-435.
Eaton, M. L. (1983). *Multivariate Statistics: A Vector Space Approach*. John Wiley & Sons.
Jewell, N. P & Bloomfield, P. (1983). Canonical correlations of past and future for time series. *Annals of Statistics*, 11, 837-847.
McCullagh, P. & Nelder, J. A. (1983). *Generalized Linear Models*. Chapman & Hall.
Rao, C. R. (1983). Multivariate analysis. Some reminiscences on its origin and development. *Sankhya, Series B*, 45, 284-299.(柳井晴夫・竹内 啓(訳)(1983).多変量解析—その起源と発展に関する回想.応用統計学,12(2), 69-78.)
van der Burg, E. & de Leeuw, J. (1983). Non-linear canonical correlation. *British Journal of Mathmatical and Statistical Psychology*, 36, 54-80.
柳井晴夫・竹内 啓(1983).射影行列・一般逆行列・特異値分解.東京大学出版会.
Anderson,T. W. (1984). *An Introduction to Multivariate Statistical Analysis* (2nd ed.). John Wiley & Sons.
Dillon, W. R. & Goldstein, M. (1984). *Multivariate Analysis. Methods and Applications*. John Wiley & Sons.
芳賀敏郎(1984).対話型データ解析システム.応用統計学,13(3), 125.
林 知己夫(編)(1984).健康管理の計量化.共立出版.
Ramsay, J. O., Berge, J. T. & Styan, G. P. H. (1984). Matrix correlation. *Psychometrika*, 49, 403-425.
Sibson, R. (1984). Present position and potential developments: Some personal views on multivariate analysis. *Journal of the Royal Statistical Society, Series A*, 137, 198-207.
田中 豊・垂水共之・脇本和昌(1984).パソコン統計解析ハンドブックⅡ—多変量解析編.共立出版.
van de Geer, J. P. (1984). Linear relations among k sets of variables. *Psychometrika*, 49, 79-94.
van Vark, G. N. & Howells, W. W. (1984). *Multivariate Statistical Methods in Physical Anthropology*. Reidel.
Hambleton, R. K. & Swaminathan, H. (1985). *Item Response Theory—Principle and Applications*. Kluwer Nijhoff Publisher.
Huber, P. J. (1985). Projection pursuit (with discussion). *The Annals of Statistics*, 13, 435-525.
Kariya, T. (1985). *Testing in Multivariate General Linear Models*. Kinokuniya.
Siotani, M., Hayakawa, T. & Fujikoshi, Y. (1985). *Modern Multivariate Statistical Analysis*. American Science Press.
柳井晴夫・高根芳雄(1985).新版多変量解析法.朝倉書店.
Greenland, S., Sclesselman, J. J. & Criqui, M. H. (1986). The fallacy of employing standardized regression coefficients and correlations as measures of effect. *American Journal of Epidemiology*,

123(2), 203-208.
Ihara, M & Kano, Y (1986) New estimator of the uniqueness in factor analysis. *Psychometrika*, 51, 563-566.
Jolliffe, I. T. (1986). *Principal Component Analysis*. Springer-Verlag.
Mulaik, S. A. (1986). Factor analysis and psychometrika：Major development. *Psychometrika*, 51, 23-33.
丘本　正 (1986). 因子分析の基礎. 日科技連出版社.
Sugiyama, T. & Kurauchi, H. (1986). Identification of handwriting in Chinese characters using discriminant analysis. *Behaviormetrika*, 19, 55-72.
柳井晴夫・高木広文（編）(1986). 多変量解析ハンドブック. 現代数学社.
Akaike, H. (1987). Factor analysis and AIC. *Psychometrika*, 52, 317-332.
麻生英樹・栗田多喜夫・大津展之 (1987). 正準相関分析および判別分析の非線形の定式化による解釈について. 行動計量学, 14(2), 1-9.
Bartholomew, D. J. (1987). *Latent Variable Models and Factor Analysis*. Charles Griffin & Company.
Cleveland, W. S. (1987). Research in statistical graphics. *Journal of the American Statistical Association*, 82, 419-423.
刈屋武昭 (1987). 株価変動の主成分分析. 鈴木雪夫・竹内　啓（編）(1987). 社会科学の計量分析—多変量解析の理論と応用. 東京大学出版会, p. 97-116.
Shervish, M. J. (1987). A review of multivariate analysis. *Statisitical Science*, 2(4), 396-433.
鈴木雪夫・竹内　啓編 (1987). 社会科学の計量分析—多変量解析の理論と応用. 東京大学出版会.
Stone, M. (1987). *Coordinate-Free Multivariate Statistics*. Oxford University Press.
Takane, Y. & de Leeuw, J. (1987). On the relationship between item response theory and factor analysis. *Psychometrika*, 52, 393-408.
Tatsuoka, K. & Tatsuoka, M. M. (1987). Beg distribution and statistical pattern recognition. *Psychometrika*, 52, 193-206.
柳井晴夫・柏木繁男・国生理枝子(1987). プロマックス回転法における新性格検査の作成について(ⅰ). 心理学研究, 58, 158-165.
Chatterjee, S. & Hadi, A. S. (1988). *Sensitivity Analysis in Linear Regression*. John Wiley & Sons.
Flury, B. & Riedwyl, H. (1988). *Multivariate Statistics：A Practical Approach*. Chapman & Hall.
後藤昌司・松原義弘・脇本和昌 (1988). グラフィカル接近法の最近の発展. 行動計量学, 29, 45-70.
Krzanowski, W. J. (1988). *Principles of Multivariate Methods*. Oxford Science Publishers.
佐伯圭一郎・高木広文・柳井晴夫他 (1988). LPC 式生活慣習検査の作成. 行動計量学, 15(2), 32-45.
渡部　洋（編）(1988). 心理教育のための多変量解析入門—基礎編. 福村書店.
Bollen, K. A. (1989). *Structural Equations with Latent Variables*. John Wiley & Sons.
Kroonenberg, P. M. & ten Berge, J. M. F. (1989). Three mode principal component analysis and perfect congruence analysis for sets of covariance matrices. *Psychometrika*, 42, 63-80.
Tanaka, Y. & Odaka, Y. (1989). Influential observations in principal factor analysis. *Psychometrika*, 54, 475-485.
Dobson, A. J. (1990). *An Introduction to Generalized Linear Model*. Chapman & Hall.
Gifi, A. (1990). *Nonlinear Multivariate Analysis*. John Wiley & Sons.
狩野　裕 (1990). 因子分析における統計的推測—最近の発展. 行動計量学, 18(1), 3-12.
国生理枝子・柳井晴夫・柏木繁男(1990). プロマックス回転法における新性格検査の作成について(ⅱ). 心理学研究, 61, 158-165.

Lee, S. & Hershberger, S. (1990). A simple rule for generating equivalence models in covariance structure analysis. *Multivariate Behavioral Research*, 25, 314-334.
村上　隆 (1990). 3相データの階層的主成分分析. 柳井晴夫・岩坪秀一・石塚智一 (編) (1990). 人間行動の計量分析. 東京大学出版会, pp. 71-94.
塩谷　実 (1990). 統計ライブラリー　多変量解析概論. 朝倉書店.
Whittaker, J. (1990). *Graphical Models in Applied Multivariate Statistics*. John Wiley & Sons.
Yanai, H. & Ichikawa, M. (1990). New lower and upper bounds for communality in factor analysis. *Psychometrika*, 55, 405-410.
柳井晴夫・繁桝算男・前川眞一・市川雅教 (1990). 統計ライブラリー　因子分析―その理論と方法. 朝倉書店.
Jackson, J. E. (1991). *A User's Guide to Principal Component Analysis*. Wiley Interscience.
大塩達一郎・長谷部文夫 (1991). 矩形診断法による日本文筆跡の計量と識別―第1部：筆跡の計量と筆記能力の発達. 行動計量学, 18(2), 9-24.
芝　祐順 (編) (1991). 項目反応理論―基礎と応用. 東京大学出版会.
Takane, Y. & Shibayama, T. (1991). Principal component analysis with external criteria on both subjects and variables. *Psychometrika*, 56,(1), 97-120.
Ichikawa, M. (1992). Asymptotic distributions of the estimators of communalities in factor analysis. *Psychometrika*, 57, 399-404.
高根芳雄 (1992). 制約付き主成分分析法について. 行動計量学, 19(1), 29-39.
田中　豊 (1992). 多変量解析における感度分析. 行動計量学, 19(1), 3-17.
豊田秀樹 (1992). SASによる共分散構造分析. 東京大学出版会.
渡部　洋 (編) (1992). 心理教育のための多変量解析―事例編. 福村出版.
Yanai, H. & Takane, Y. (1992). Canonical correlation with linear constraints. *Linear Algebra and its Applications*, 176, 75-89.
吉澤　正・芳賀敏郎 (編) (1992) 多変量解析事例集 (第1集). 日科技連出版社.
Carroll, J. B. (1993). *Human Cognitive Abilities, A Survey of Factor : Analytic Studies*. Cambridge University Press.
Cuadras, C. M. (1993). Interpreting an inequality in multiple regression. *The American Statistician*, 478, 256-258.
藤越康祝・柳井晴夫 (1993). 多変量解析の現状と展望. 日本統計学会誌, 22(3), 313-356.
Ten Berge, J. M. F. (1993). *Least Squares Optimization in Multivariate Analysis*. DSWO Press, Leiden University.
Cheng, B. & Titterington, D. M. (1994). Neural networks : A review from a statistical point of view. *Statistical Science*, 9(1), 2-54.
Mayekawa, S. (1994). Equivalent path models in linear structural equations. *Behaviormetrika*, 21, 79-96.
村上征勝 (1994). 行動計量学シリーズ6　真贋の科学―計量文献学入門. 朝倉書店.
大隅　昇・ルバール, L.・モリノウ, A.・ワーウィック, K. M.・馬場康維 (1994). 記述的多変量解析法. 日科技連出版社.
柳井晴夫 (1994). 行動計量学シリーズ8　多変量データ解析―理論と応用. 朝倉書店.
大橋靖雄・浜田知久馬 (1995). 生存時間解析―SASによる生物統計. 東京大学出版会.
高根芳雄 (1995). 行動計量学シリーズ9　制約つき主成分分析法―新しい多変量データ解析法. 朝倉

書店.
安本美展 (1995). 行動計量学シリーズ 10 言語の科学. 朝倉書店.
古川俊之 (1996). 行動計量学シリーズ 13 寿命の数理. 朝倉書店.
Giri, N. C. (1996). *Multivariate Statistical Analysis*. Dekker.
Lauritzen, S. L. (1996). *Graphical Models*. Clarendon Press.
水野欽司 (1996). 統計ライブラリー 多変量データ解析講義. 朝倉書店.
大津展之・関田 巌・栗田多喜夫 (1996). 行動計量学シリーズ 12 パターン認識—理論と応用. 朝倉書店.
豊田秀樹 (1996). 統計ライブラリー 非線形多変量解析—ニューラルネットによるアプローチ. 朝倉書店.
狩野 裕 (1997). グラフィカル多変量解析. 現代数学社. (狩野裕・三浦麻子 [2002] 増補版)
柏木繁男 (1997). 性格の評価と表現—特性 5 因子論からのアプローチ. 有斐閣.
宮川雅巳 (1997). 統計ライブラリー グラフィカルモデリング. 朝倉書店.
Okada, A. & Imaizumi, T. (1997). Asymmetric multidimensional scaling of two-mode three-way proximities. *Journal of Classification*, 14, 195-224.
千野直仁 (1997). 非対称多次元尺度構成法. 現代数学社.
吉澤 正・芳賀敏郎 (1997). 多変量解析事例集 (第 2 集). 日科技連出版社.
Murakami, T., Jos ten Berge, T. M. F. & Kiers, H. (1998) A case of extreme simplicity of the core matrix in three mode principal component analysis. *Psychometrika*, 63(3), 255-262.
Rechner, A. C. (1998). *Multivariate Statistical Inference and Applications*. John Wiley & Sons.
豊田秀樹 (1998a). 統計ライブラリー 共分散構造分析 [入門編] —構造方程式モデリング—. 朝倉書店.
豊田秀樹 (編) (1998b). 共分散構造分析 [事例編] —構造方程式モデリング. 北大路書房.
Blodeau, M. & Brenner, D. (1999). *Theory of Multivariate Statistics*. Springer-Verlag.
渡辺直登・野口裕之 (編著) (1999). 組織心理測定論—項目反応理論のフロンティア. 白桃書房.
柳井晴夫・前川眞一 (編) (1999). 大学入試データの解析—理論と応用. 現代数学社.
朝野熙彦 (2000). 入門多変量解析の実際 (第 2 版). 講談社.
Kano, Y. & Harada, A. (2000) Stepwise variable selection in factor analysis. *Psychometrika*, 65(7), 22.
Pearl, J. (2000). *Causality, Models, Reasoning, Inferences*. Cambridge University Press.
豊田秀樹 (2000). 統計ライブラリー 共分散構造分析 [応用編] —構造方程式モデリング—. 朝倉書店.
柳井晴夫 (2000). 因子分析の利用をめぐる問題点を中心として. 教育心理学年報, 39, 96-108.
甘利俊一他 (編著) (2002) 多変量解析の展開—隠れた構造と因果を推理する. 岩波書店.
de Raad, B. & Perugin, M. (eds.) (2002) *Big Five Assessment*. Hogrefe & Huber Publisher.
三輪哲久・高橋 渉・二宮正士 (2002) 第 18 章 PLS 回帰による農業リモートセンシングデータの解析. 柳井晴夫 (編) (2002). 多変量解析実例ハンドブック. 朝倉書店.
豊田秀樹 (2002a) 統計ライブラリー 項目反応理論 [入門編] —テストと測定の科学—. 朝倉書店.
豊田秀樹 (編) (2002b) 統計ライブラリー 項目反応理論 [事例編] —新しい心理テストの構成法—. 朝倉書店.
柳井晴夫他 (編著) (2002) 多変量解析実例ハンドブック. 朝倉書店.
Anderson, T. W. (2003). *An Introduction to Multivariate Statistical Analysis* (3rd ed.). John Wiley & Sons.

豊田秀樹（編）(2003a). 統計ライブラリー　共分散構造分析［技術編］—構造方程式モデリング—. 朝倉書店.
豊田秀樹（編）(2003b). 統計ライブラリー　共分散構造分析［疑問編］—構造方程式モデリング—. 朝倉書店.
Yanai, H., Okada, A., Shigemasu, K, Kano, Y. & Meulman, J. J.（2003）*New Developments in Psychometrics*. Springer-Verlag.
宮川雅巳（2004）. シリーズ予測と発見の科学　統計的因果推論—回帰分析の新しい枠組み—. 朝倉書店.
豊田秀樹（編）(2005). 統計ライブラリー　項目反応理論［理論編］—テストの数理—. 朝倉書店.
Brennan, R. L.（2006）. *Educational Measurement* (4th ed.). American Council on Education.
柳井晴夫・緒方裕光（編著）(2006). SPSSによる統計データ解析. 現代数学社.
椎名久美子・杉澤武俊・櫻井捷海（2007）. 大学入試センター法科大学院適性試験の設計及び安定性に関する実証的研究. 日本テスト学会誌, 3, 109-122.
前田忠彦・野口裕之・柴山直著・藤本　亮・藤田政博・佐藤喜一（2007）. 法科大学院統一適性試験：4年間の実施経過と今後の課題. 日本テスト学会誌, 3, 99-108.
Rao, C. R. & Sinharay, S.（eds.）(2007). *Handbook of Statistics 26 : Psychometrics*. North-Holland.
豊田秀樹（2007）. 統計ライブラリー　共分散構造分析［理論編］—構造方程式モデリング—. 朝倉書店.
Yanai, H & Ichikawa, M.（2007）. Chapter 9；Factor Analysis. In：Rao & Sinharay（eds.）(2007). *Handbook of Statistics 26*, North-Holland, pp. 257-296.
木原雅子・木原正博（2008）. 医学的研究のための多変量解析. メディカルサイエンスインターナショナル.（Katz, M. H.（2006）. *Multivariate Analysis：A Practical Guide for Clinicians* (2nd ed.). Cambridge University Press.）
Shigemasu, K., Okada, A., Imaizumi, T. & Hoshino, T.（2008）. *New Trends in Psychometrics*. University Academy Press.
田中　豊他（訳）(2008). 一般化線形モデル入門　原著2版. 共立出版.（Dobson, A. J.（2004）. *An Introduction to Generalized Linear Model*. Chapman & Hall.）
Adachi, K.（2009）. Joint Procrustes analysis for simultaneous nonsingular transformation of component score and loadings matrices. *Psychometrika*, 74, 667-687.
星野崇宏（2009）. 調査観察データの統計科学　—因果推論・選択バイアス・データ融合. 岩波書店.
豊田秀樹（編）(2009). 統計ライブラリー　共分散構造分析［実践編］—構造方程式モデリング—. 朝倉書店.
市川雅教（2010）. シリーズ行動計量の科学　7　因子分析. 朝倉書店.
Adachi, K.（2011）. Three-way Tucker 2 component analysis solutions of stimuli × responses × individuals data with simple structure and the fewest core differences. *Psychometrika*, 76, 285-305.
Yanai, H., Takeuchi, K. Takane, Y.（2011）. *Projection Matrices, Generalized Inverse Matrices, and Singular Value Decomposition*. Springer.

2

数量化理論
―その形成と発展の歴史―

2.1 数量化理論の基礎哲学 (1)

　本章の目的は，林知己夫の数量化理論について，その概略と発展の経緯を，簡潔にまとめるという難題である．林の数量化理論に関する著書は数十冊に及び，関連する諸論文においては数え切れないほどである．そのエッセンスを筆者なりにまとめておくことは，本シリーズ発刊の母体である日本行動計量学会にとっても，焦眉の課題と考え，難題は承知の上で，チャレンジすることにした．

　心理学研究の分野では，「数量化」の試みは長い歴史をもっている．古くは1930年代に，サーストン（L. L. Thurstone）は，態度が（したがって態度変容が）計測できる，数量化できる，ということを「サーストン法」という態度測定法を開発することで検証した（Thurstone, 1927 他）．その後，ガットマン（L. Guttman）は有名なスケログラムアナリシス（scalogram analysis）を開発し，「ガットマン法」といわれる態度測定法を確立した．こうした態度の尺度化とともに，知覚の数量化，行動の数量化と予測など，心理学の領域では，多くの研究を蓄積してきた（高木, 1955 他, 参照）．

　これらの研究の流れを引き継ぎながらも，統計数理の立場から，さまざまなモデルを開発し，発展させ，体系化させたのが，林知己夫の「数量化理論」である．本章で取り上げるのは，広義の数量化ではなく，林の「数量化理論」であることをまず確認しておこう．

　まず，林の数量化理論のよって立つ「哲学」には，いくつかの特徴がある．

はじめにその哲学について考えてみよう．

哲学1．「数量」は「所与」のものではなく目的に対して妥当なように「与える」もの．

哲学2．統計理論の適用に関する徹底したオペレーショナリズム．

哲学3．関連の指標（ρ_{ij}, r_{ij} など）についての柔軟な思考とそれによるモデルの拡張．

哲学4．数量化理論より多次元尺度解析への必然的発展．

哲学5．すべて，新しい課題を解決するために，新しい数理モデルを．

などをあげることができよう．以下，本節で哲学1と2を，2.6節と2.7節で哲学3～5を，順次，検討していこう．

哲学1．「数量」は「所与」のものではなく目的に対して妥当なように「与える」もの．

数量化理論の最大の特徴は，まず，いままで「量的変量」にしか適用できなかった多次元解析のさまざまなモデルに「質的変量」，「カテゴリー変数」をも適用できるようになった，ということである．

そのためには新しい哲学が不可欠であった．すなわち，「『数量』は『所与』のものではなく，目的に対して妥当なように『与える』ものである」という発想である．

体格を例に考えてみよう．相撲の力士になりたいものにとっては，ある程度の身長も必要であるが，何よりも体重が重要だ．したがって，力士試験にパスするためにも，また入門を果たしてからも，力士は体重を上げるためにあらゆる努力をする．一方，競馬の騎手にとっては，馬に負担をかけないように，身長も，体重も，できるだけ少ないことが必要である．同じ体重も，力士にとっては大きいほどよい，騎手にとっては小さいほどよい．

より一般的に，数量とは，所与のもので，1次元連続単調増加変数と考えられているが，実はほどほどが最適で，小さすぎても大きすぎても具合が悪い，ということもある．これらを図示すると，図2.1のようになる．xの評価（y）が単調増加と考えれば，1, 2, 3は，1, 2, 3という数値のまま使用すればいいし（図2.1(a)），最適解が中央と考えられるなら，1, 2, 3, 4, 5に，1, 2, 3, 2, 1とい

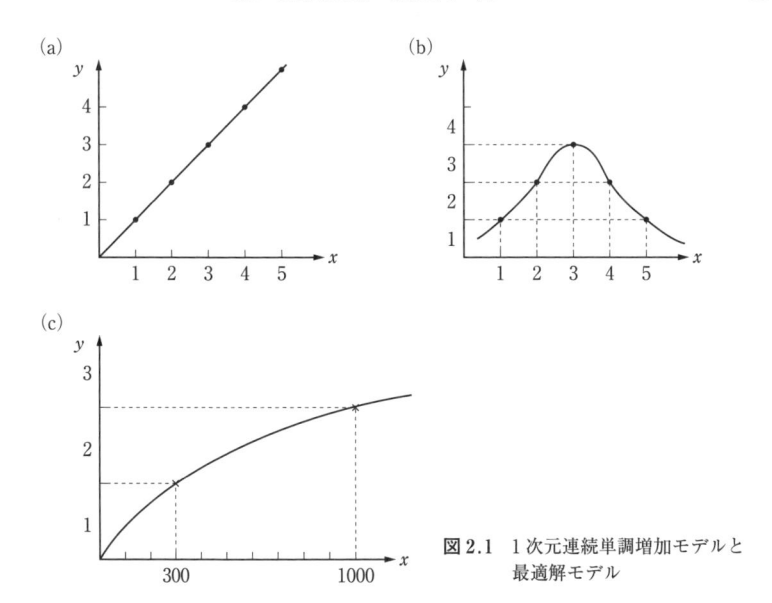

図 2.1 1 次元連続単調増加モデルと最適解モデル

う数値を与えて，以下処理を進めていけばよい（図 2.1(b)）．さらに 1 次元連続単調増加のように考えられている所得も，実は低所得層が多く，高所得層は少ないという実態から考え，300 万円以下を低所得：1，300 万〜1000 万円までを中所得：2，1000 万円以上を高所得：3 と数値を与えて，以下問題を処理していく方が妥当な結果が得られることもあろう（図 2.1(c)）．こうして数量を所与のものと考えず，目的に対し妥当なように与えるものと考える．これが数量化理論の出発点である．

哲学 2．統計理論の適用に関する徹底したオペレーショナリズム．—徹底したオペレーショナルな発想—

次いで，数量化理論の重要な視角に，徹底したオペレーショナリズムがある，と筆者は考えている．林はすべての問題に対して，唯一最善のモデルなどというものはないと考える．与えられた課題に，最適なモデルを求めて，常に，さまざまな解をトライしていく．必要とあれば新しいモデルを開発し，最も適切なモデルを用いて，最善の解を求めていく．既存のモデルにこだわらず，自由な発想で新しいモデルを求め，新しい解を求めていく．新しいモデルより，既

存のモデルの方が，より論理的でありより合理的であっても，与えられた課題に対してより適切に理解できるなら，新しいモデルを採用し，最善の解を求めていく．

こうして新しいモデルが次々と開発されていった．数量化理論第Ⅰ類，第Ⅱ類，第Ⅲ類，第Ⅳ類をはじめとして，本章でも最後にふれる一対比較の数量化，そしてさらに林の多次元尺度解析，MDA-OR，MDA-UR へと，必然的に発展していく．(これは哲学4 (2.7節)で述べる)．

これらのすべてのモデルに共通の視点は，与えられた課題にさまざまなモデルを適用してみて，いちばん適したモデルを採用すればよい．そして適したモデルがなければ，まったく新しいモデルをつくればよい，という発想である．既製服が似合わなければ，どんどんオーダーメードのモデルをつくればいい．こうして，林の数量化理論も，林の MDA も，開発されたのである．林・飽戸(1976)，林(1984)などは，その例である．

2.2 MAC といわれる数量化

オペレーショナリズムを最もわかりやすく理解できるモデルに，林の親友で生涯のよき協力者でもあった Guttman の MAC をみてみよう (飽戸, 1985a より)．

図2.2はロールシャッハテストの結果を，何にみえたか (X) と，それがどんな感じがしたか (Y) を尋ね，結果をプロットしたものである．X と Y の間に，かなりの相関があることが一目でわかる．はじめの方の，血 ($X1$)，コウモリ ($X2$)，煙 ($X3$) などは，恐怖 ($Y1$)，怒り ($Y2$) などと関連が強く，逆に，下の方の，山 ($X9$)，毛皮 ($X10$)，蝶 ($X11$) などは，安全 ($Y5$)，愛 ($Y6$) などと関連があることがわかる．相関係数は 0.65 であった．そこで，この X と Y との関係をより明らかにするためにこの2本の線を図2.3のように，まっすぐにしてみよう．いわば「アイロンをかけてみる」．するとより関連が鮮明になる．相関係数も少し上がって，0.68 になっている．

すなわち図2.2では X が 1, 2, 3, …, 6 までの整数であったものを，図2.3 の $-49, -25, -22, …$ と数値化することによって，X と Y の相関がより高くなる．

2.2 MAC といわれる数量化

ロールシャッハ シンボル (X)	図から受けた感じ (Y)						$\overline{X}$ (平均)
	1 恐怖	2 怒り	3 憂うつ	4 野心	5 安全	6 愛	
1 血	<u>10</u>	5	2	0	0	1	1.78 ($\overline{X_1}$)
2 こうもり	<u>33</u>	10	18	2	6	1	2.16
3 煙	1	6	<u>1</u>	1	0	0	2.22
4 火	<u>5</u>	9	1	1	1	2	2.47
5 洞穴	7	0	13	4	<u>2</u>	1	2.89
6 雲	2	9	30	1	6	4	3.23
7 面	3	2	<u>6</u>	2	3	2	3.33
8 岩	0	4	2	2	<u>2</u>	1	3.45
9 山	2	1	4	<u>18</u>	2	1	4.37
10 毛皮	0	3	4	5	<u>18</u>	5	4.55
11 蝶	0	2	1	5	10	<u>26</u>	5.25
$\overline{Y}$ (平均)	2.94 ($\overline{Y_1}$)	4.71	5.55	8.15	8.61	9.25	

図2.2 ロールシャッハテストの連想とその印象（1）（飽戸, 1985a）
血 (X_1) の平均値 $\overline{X_1}=(1\times10+2\times5+3\times2+4\times0+5\times0+6\times1)/18=1.78$
恐怖 (Y_1) の平均値 $\overline{Y_1}=(1\times10+2\times33+3\times1+\cdots+9\times2)/63=2.94$ として算出.

すなわち，X と Y を，その相関係数がより大になるように「再数量化」したことによって，両者の関連がより鮮明になる．さらに恐怖と怒りの距離より，怒りと憂鬱の距離の方が近い（似ている）こと，蝶，毛皮，山の間の距離より，洞穴，火，煙，の間の距離の方が近いことなども明らかになって，興味深い．ただアイロンをかけただけで，有意義な結果が得られれば用いればいいし，そうでなければ用いなければいい．オペレーショナルの極致である．林の数量化理論と同じ発想である．

林の数量化理論，林の MDA (minimum dimension analysis) と，Guttman の SSA (smallest space analysis) が（どちらも日本語では最小次元解析），日本とイスラエルという，遠く離れた地で，ほとんど同じ時代に，それぞれ開発され，このような共通点をもっている点は，実に興味深い．両氏が，生涯の友となった所以であろう．

こうして，林の数量化理論の特徴は，徹底した「オペレーショナリズム」に

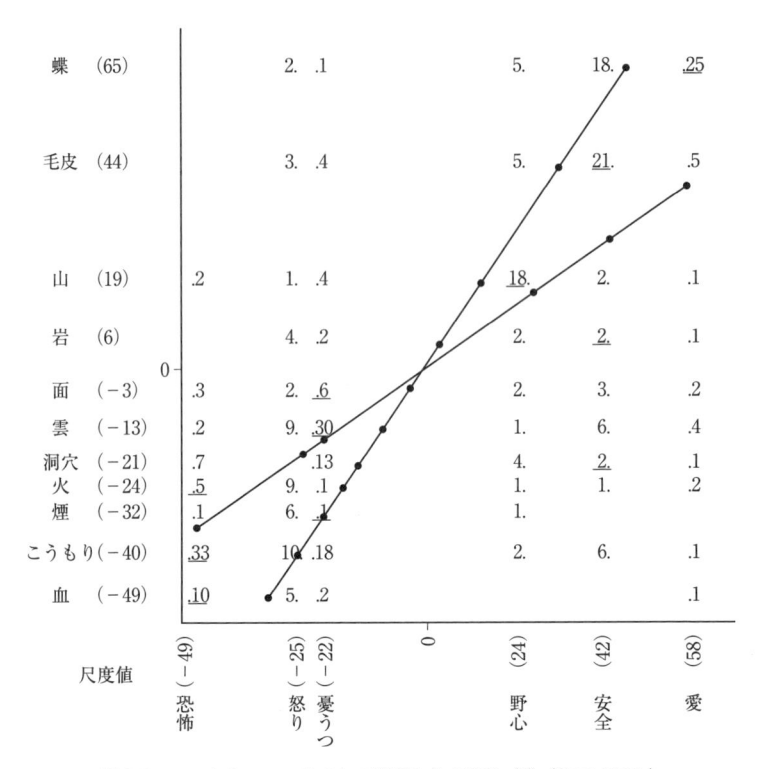

蝶	(65)		2.	.1		5.	18.	.25
毛皮	(44)		3.	.4		5.	21.	.5
山	(19)	.2	1.	.4		18.	2.	.1
岩	(6)		4.	.2		2.	2.	.1
面	(-3)	.3	2.	.6		2.	3.	.2
雲	(-13)	.2	9.	.30		1.	6.	.4
洞穴	(-21)	.7		.13		4.	2.	.1
火	(-24)	.5	9.	.1		1.	1.	.2
煙	(-32)	.1	6.	.1		1.		
こうもり	(-40)	.33	10.	.18		2.	6.	.1
血	(-49)	.10	5.	.2				.1
尺度値		(-49)恐怖	(-25)怒り	(-22)憂うつ	0	(24)野心	(42)安全	(58)愛

図 2.3 ロールシャッハテストの連想とその印象 (2) (飽戸, 1985a)

あり，それは，「数量は所与のものではなく，目的に対して妥当なように与えるものである」という哲学1のルールとも適合していることがわかる．

2.3 数量化理論の4つのモデル

さて，数量化の哲学3, 4, 5については，とりあえず後に回して，具体的に「数量化理論」の最も基本的な4つのモデルについて，みておこう．

数量化理論の第Ⅰ類から第Ⅳ類までを，既存の多次元尺度解析の諸手法と「みかけ上の」類似により，対比させて整理してみたものが，図2.4である．(飽戸, 1964)．

この飽戸(1964)論文ではじめて筆者が，数量化理論第Ⅰ類，第Ⅱ類，第Ⅲ類，

2.3 数量化理論の4つのモデル

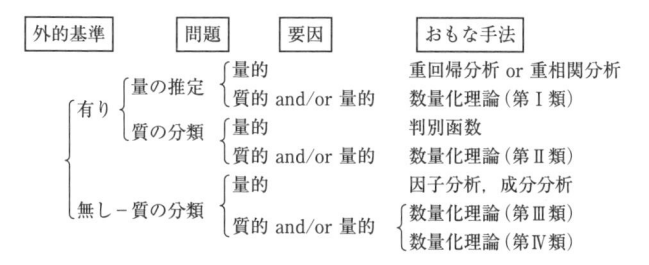

```
外的基準    問題        要因
         ┌ 量の推定  ┌ 量的              重回帰分析 or 重相関分析
    ┌ 有り ┤         └ 質的 and/or 量的   数量化理論(第Ⅰ類)
    │    └ 質の分類  ┌ 量的              判別関数
    ┤              └ 質的 and/or 量的   数量化理論(第Ⅱ類)
    │              ┌ 量的              因子分析,成分分析
    └ 無し－質の分類 ┤                  ┌ 数量化理論(第Ⅲ類)
                   └ 質的 and/or 量的   └ 数量化理論(第Ⅳ類)
```

図 2.4　多変量解析の手法（飽戸, 1964）

第Ⅳ類,といった命名をしたのだが,原作者である林は,たいへん不本意であったことが後にわかった.せっかく苦心してつくりあげたそれぞれのモデルに,簡単に,1,2,3,4などと,ナンバーをつけて済ませるとは何事か,と考えられたようだ.確かに筆者は,当時,第Ⅰ類は重回帰分析の拡張,第Ⅱ類は判別関数の拡張,第Ⅲ類,第Ⅳ類は因子分析,成分分析の拡張,という位置づけで,この図 2.4 を構成し,命名したのであるが,「外形」は似ているが,発想,構成,そしてその完成までの経緯が,まったく違うことは上述の哲学 1 や哲学 5 で明らかな通りであり,林はそれを不本意に思ったことであろう.

したがって,林は,当初,今日の数量化理論第Ⅰ類から第Ⅴ類までを,ずっと,

第Ⅰ類：外的基準のある場合—それが数量のとき
第Ⅱ類：外的基準のある場合—それが分類で与えられるとき
第Ⅲ類：外的基準がない場合—その 1,パタン分類
第Ⅳ類：外的基準がない場合—その 2,e_{ij} 型
第Ⅴ類：外的基準のある場合—2 者比較法に基づく数量化

と表記している（林・樋口・駒澤, 1970）.本章では,数量化理論が,単なる多次元解析の拡張ではないところを,しっかり考察していきたいと考えている.

しかし,マーケティングの分野や,社会心理学,社会学などの分野では,数量化理論は一世を風靡し,調査結果は数量化またはせめて多変量解析を施さないと報告書として通用しない,という状況にまで達していた.そんなわけで,林から夜中に電話があり,「飽戸君か,Ⅱ類ってどれのことかね」などと問い合わせがあったことだったが,林は氏の著書,論文の中では,上記,当初の命

名を堅持し続けている．

ようやく林にこの飽戸の命名が容認されたのは，1993年，『数量化―理論と方法』の序文の中でのことである（林, 1993）．「数量化Ⅰ類，Ⅱ類，Ⅲ類，Ⅳ類は，親友の飽戸弘氏によって命名されたもので，簡単で呼びやすい名のため，おおいに普及に役立った．また，Ⅴ類，Ⅵ類も同氏が名づけ親である」と書いて下さった．はじめて許可が出たものと思っている．筆者の命名から，なんとほぼ30年後のことである．

本章では，最もポピュラーな，第Ⅰ類，第Ⅱ類，第Ⅲ類，第Ⅳ類と，筆者がこよなく愛して使い続けてきた一対比較の数量化（第Ⅴ類），および数量化理論の発想，構想の経緯から必然的に発展していった，林のMDA-OR と MDA-UO について，以下，検討していくことにしたい．

2.4 数量化理論の定式化

最もポピュラーな「数量化理論」，第Ⅰ類，第Ⅱ類，第Ⅲ類，第Ⅳ類，の4つのモデルについて，まずその理論の概略をまとめておこう（飽戸, 1964）．

a. **第Ⅰ類モデル**〔$\rho_{A\alpha} \to \max$ 型〕

外的基準が数量で与えられている場合．

j アイテム k カテゴリ $\delta_i(jk)$ に，数値 X_{jk} を与え，i なるものの外的基準の予測値 α_i を

$$\alpha_i = \sum_j^R \sum_k^{K_j} X_{jk} \delta_i(jk) \tag{2.1}$$

で定義し，i なるものの外的基準の実測値 A_i と，予測値 α_i との相関係数 $\rho_{A\alpha}$ が最大になるように，X_{jk} を解くというモデル．

外的基準が多次元の場合（$^{(1)}A_i, ^{(2)}A_i, \cdots, ^{(s)}A_i$）には，$\delta_{jk}$ に多次元（s 次元とする）の数値（$^{(1)}X_{jk}, ^{(2)}X_{jk}, \cdots, ^{(s)}X_{jk}$）を与え，同様の操作を行えばよい．

b. **第Ⅱ類モデル**〔$\eta \to \max$ 型〕

外的基準が T 個の分類で与えられている場合．

j アイテム，k カテゴリー，δ_{jk} に数値 X_{jk} を与え，i なるものの得点 α_i を上記と同じ，(2.1) 式で定義し，同じ層に属するものどうしは互いに近い得点を，

異なった層に属するものどうしは互いに離れた得点を得るように，すなわち級内分散を最小に，級間分散を最大にするように（したがって相関比が最大になるように），X_{jk} を解くというモデルである．

分類が1次元的な分類では十分でないときには，δ_{jk} に多次元的（s 次元の）数値，$(^{(1)}X_{jk},{}^{(2)}X_{jk},\cdots,{}^{(s)}X_{jk})$ を与え，上述と同じ手順で，多次元的分類を行うこともできる．

c. 第Ⅲ類モデル 〔$\rho_{XY} \to \max$ 型〕

外的基準のない場合，i なるものが，R 個のアイテム・カテゴリーへの反応パタンとして表されるとき，i なるものには Y_i という数値を，j なる特性（アイテム・カテゴリー）には X_j という数値をそれぞれ与え，特性で同じような反応パタンを示すものどうしは近い値（Y_i）を，より離れた反応パタンを示すものどうしは離れた値（Y_i）をとると同時に，同じようなものから選ばれる特性どうしは近い値（X_j）を，より離れたものから選ばれる特性どうしは離れた値（X_j）を得るように，Y_i, X_j を解くというモデルである．これは X と Y との相関係数 ρ_{XY} が最大になるよう，ものと特性とに数値を与えることに等しい．

このとき，ものと特性とが，1次元的な数値では十分分類されないときには，ものに対しても，特性に対しても，それぞれ多次元（s 次元）の数値，$(^{(1)}Y_i,{}^{(2)}Y_i,\cdots,{}^{(s)}Y_i)$, $(^{(1)}X_j,{}^{(2)}X_j,\cdots,{}^{(s)}X_j)$ を与え，より精度よく，多次元的に分類することができる．

さらにこれらは X, Y という2変量系のモデルであるが，さらに X, Y, Z という3変量系についても，同様の多次元分類を行うことも可能である．

d. 第Ⅳ類モデル 〔e_{ij} 型〕

外的基準のない場合，i なるものと j なるものの親近性の指標 e_{ij} が与えられているときの分類のモデルである．

i なるものに x_i なる数値を与え，

$$Q = -\sum_{j}^{R}\sum_{i}^{R} e_{ij}(x_i - x_j)^2 \tag{2.2}$$

なる測度 Q をつくる．

この Q を，x の分散を一定，$\bar{x}=0$（平均値 $=0$）という条件のもとで最大になるように，x_i を解いてやる，というモデルである．

1次元的な分類で十分でない場合には，今までの考え方と同様に，i なるものに多次元（s 次元）の数値（$^{(1)}x_i, {}^{(2)}x_i, \cdots, {}^{(s)}x_i$）を与え

$$G = -\sum_{i}^{R}\sum_{j}^{R} e_{ij} \sum_{t}^{s} \left(\frac{({}^{(t)}x_i - {}^{(t)}x_j)^2}{\sigma^2_{(t)x}} \right) \qquad (2.3)$$

なる G が最大になるように $[^{(s)}x_i]$ を解いてやればよい．

2.5 数量化理論の適用例

2.5.1 数量化理論第Ⅰ類の例

では次にこれら数量化理論の具体的適用例について，いくつかみていくことにしよう．はじめに人々の「幸福感」についての調査からみていこう（飽戸, 1976）．

これは人々の幸福感に寄与していると考えられる説明変数，14変数をあげ，そのどれが寄与率が高いかをみたものである．幸福度は，1：非常に幸福，2：まあ幸福，3：あまり幸福でない，4：幸福でない，の4段階．これを外的基準として，説明変数としては，性別，年齢，職業，都市規模，所得階層などのフェースシートと，幸福に寄与していそうな価値観，すなわち，政治意識，地域

表2.1 幸福に寄与する要因の寄与率（数量化理論第Ⅰ類による）

	Case A		Case B	
重相関係数	0.4448		0.4469	
9. 階層帰属意識	0.260	①	0.260	①
8. 知力-体力	0.129	②	0.132	②
4. 所得階層	0.125	③	0.124	③
1. 性別	0.119	④	0.119	④
2. 年齢	0.089	⑤	—	
7. ライフステージ	—		0.101	⑤
3. 職業	0.087	⑥	0.073	⑥
10. 政治意識	0.072	⑧	0.069	⑦
13. 地域参加	0.075	⑦	0.063	⑧
11. 集団主義	0.047	⑨	0.044	⑨
14. ふるさと意識	0.042	⑩	0.033	⑪
5. 都市規模	0.037	⑪	0.037	⑩
12. 個人主義	0.012	⑬	0.013	⑫
6. 持家の有無	0.014	⑫	0.010	⑬

（飽戸, 1976）

2.5 数量化理論の適用例

表 2.2 幸福に寄与する要因の寄与の方向（数量化理論第 I 類による）

アイテム名	カテゴリー名	反応サンプル数	カテゴリー・ウエイト	レンジ (偏相関係数)	アイテム名	カテゴリー名	反応サンプル数	カテゴリー・ウエイト	レンジ (偏相関係数)
性別	1. 男性	1862	−0.208	0.379 (0.119)	政治意識	1. 保守系	669	0.193	0.305 (0.072)
	2. 女性	2264	0.171			2. やや保守系	651	0.076	
年齢	1. 15歳〜19歳	303	0.250	0.382 (0.089)		3. どちらともいえない	1315	−0.105	
	2. 20〜24	342	0.064			4. やや革新系	468	0.068	
	3. 25〜29	497	0.223			5. 革新系	365	0.002	
	4. 30〜34	494	0.046			6. 無回答	658	−0.111	
	5. 35〜39	488	−0.132		階層帰属	1. 上	156	0.915	1.901 (0.260)
	6. 40〜44	464	−0.132			2. 中の上	1789	0.345	
	7. 45〜49	434	−0.122			3. 中の下	1457	−0.194	
	8. 50〜54	378	−0.045			4. 下	405	−0.986	
	9. 55〜64	487	−0.071			5. 無回答	319	−0.245	
	10. 65歳〜75歳	239	0.186		都市規模	1. 10大都市	796	−0.038	0.146 (0.037)
世帯主職業	1. 専門的技術的職業	413	0.019	0.498 (0.087)		2. 人口10万以上の市	1367	−0.027	
	2. 管理的職業	339	0.186			3. 人口10万未満の市	941	−0.042	
	3. 事務従事者	540	0.020			4. 郡部	1032	0.104	
	4. 販売従事者	376	0.069		個人主義得点	1. 高	1195	0.000	0.044 (0.012)
	5. 職人・熟練作業者	593	0.119			2. 中	1818	−0.017	
	6. 生産工程従事者	507	0.115			3. 低	1113	0.027	
	7. サービス的職業従事者	358	0.035		集団主義得点	1. 高	1383	0.101	0.160 (0.047)
	8. 農林漁業従事者	703	−0.187			2. 中	1908	−0.060	
	9. その他	297	−0.311			3. 低	835	−0.031	
所得階層	1. 150万円未満	739	−0.402	0.666 (0.125)	地域参加	1. 積極的に参加	983	0.187	0.309 (0.075)
	2. 150万円〜250万円未満	1283	−0.004			2. おつきあいで参加	1418	0.015	
	3. 250万円〜350万円未満	1019	0.111			3. ほとんど参加しない	1508	−0.122	
	4. 350万円以上	752	0.265			4. 無回答	217	−0.101	
	5. 無回答	333	−0.001		ふるさと	1. あり・帰って暮したい	555	−0.016	0.157 (0.042)
住宅所有形態	1. 持家あり	2865	−0.015	0.050 (0.014)		2. あり・そうは思わない	1262	0.097	
	2. 持家なし	1261	0.035			3. あり・現在住んでいる	987	−0.060	
体力・知力得点	1. 高	1542	0.227	0.505 (0.129)		4. なし	1322	−0.041	
	2. 中	1288	0.007		重相関係数		0.445		
	3. 低	1296	−0.277						

(飽戸, 1976)

参加，ふるさと意識，階層帰属意識，個人主義，集団主義などの寄与率をみたものである（表2.1）.

年齢に関しては，ライフステージに換算してみた場合（Case A），客観的年齢で取った場合（Case B）と，別々の解析を試みた．この年齢とライフステージは相関が高く，同時には解析できないので，二度に分けて分析した．この両分析の結果はほとんど変わりなく，いずれも，ベスト5は，以下のようになった．

まず，幸福感に影響を与えているアイテムの大きさ（順位）を，偏相関係数によってみたものが表2.1である．表2.2は，それぞれのアイテムの個々のカテゴリーが，幸福か，不幸か，どちらの方向に効いているかをみたものである．

幸福に影響を与えているアイテムのベスト3は以下の通りである．1位・階層帰属意識（自分は上流，中の上と考えているものは幸福，下層，中の下と考えているものは不幸と感じている），2位・知力-体力（自分は知力も体力も高い方だ，というものは幸福，両方低い方だ，と考えているものは不幸），3位・所得階層（予想通り，高い方が幸福，低い方が不幸）となっている．

4位以下は表2.2を参照．カテゴリーごとに方向を確認してみると，4位・性別（女が幸福，男は不幸），5位・年齢またはライフステージ（若い方が幸福，年配者（35歳以上）が不幸），という結果であった．集団主義-個人主義とか，都市規模，ふるさと意識などは，予想したほど幸福度への寄与は高くない，という結果であった．

2.5.2 数量化理論第Ⅱ類の例

次に，数量化理論第Ⅱ類の例として，1963年の東京都知事選挙の分析結果をみてみよう．このときは，自民党が推す現職の東龍太郎，社会党などが推す阪本勝が立候補し，一騎討ちとなった激戦の選挙であった（飽戸・原, 1994）.

まず，外的基準は，東に投票するつもりか，阪本に投票するつもりか，という2分割のカテゴリー変数とし，説明変数は，その選択に寄与するであろう，フェースシート，政治・選挙関連の情報接触，知人・友人との接触，政治意識，政治参加など，27の変数を取り上げた．

今度は，投票意図に効いている各アイテムの貢献度（とその順位）は，偏相

2.5 数量化理論の適用例

表2.3 阪本支持対東支持の判別（数量化理論第Ⅱ類） ($\eta=0.84$)

アイテム*	レンジ**	順位		アイテム*	レンジ**	順位
1) 性	44	(19)		15) 依頼有無	30	(27)
2) 年齢	144	(2)		16) 新聞への期待	63	(14)
3) 学歴	222	(1)		17) テレビへの期待	105	(6)
4) 労働組合	137	(3)		18) ラジオへの期待	83	(10)
5) 新聞参考	3	(25)		19) 党か人か	37	(22)
6) テレビ参考	5	(24)		20) 東の知識	90	(9)
7) ラジオ参考	52	(16)		21) 阪本の知識	92	(8)
8) 雑誌参考	52	(17)		22) 脱政治的	55	(15)
9) 公報参考	64	(13)		23) 反政治的	39	(20)
10) 演説会参考	101	(7)		24) タクティックス	17	(23)
11) 家族参考	47	(18)		25) ストラテジー(1)	67	(12)
12) 知人・友人参考	1	(26)		26) ストラテジー(2)	108	(5)
13) いちばんの参考情報	86	(11)		27) スタイル	39	(21)
14) 相談有無	118	(4)				

＊：1)〜4)まで第1群，5)〜18)まで第2群，19)〜27)まで第3群とよぶ．
＊＊：レンジは偏相関の代用と考えてよい．(絶対値は意味はなくアイテムごとの比のみ意味がある)

（飽戸・原，1994）

関係数ではなく，レンジ（各アイテムのカテゴリー・ウエイトの差の大きさ）によってみてみた（表2.3）．

　表2.3より，最も影響を与えている変数は，1位・学歴，2位・年齢，3位・労組加入の有無，4位・相談の有無，5位・ストラテジーへの評価（後述），というところが，重要な役割を果たしている，ベスト5であることがわかった．

　そこでそれぞれのアイテムの個々のカテゴリーが，東，阪本の，どちらに効いているかをみたものが，表2.4である．プラスが大きいほど，阪本支持，マイナスが大きいほど，東支持，である．

　まず，1位・学歴では，高学歴ほど阪本支持，低学歴ほど東支持，2位・年齢では，若い方が阪本支持，年配者（40歳以上）が東支持，3位・労組加入では，労組加入経験ありが阪本支持，労組加入経験なしが東支持という結果であった．4位以降では，誰かと相談した，というものは阪本支持，相談はしなかったというものは東支持，そして，5位・ストラテジーへの評価では，政治に対して穏健・現状維持を志向しているものが東支持，そうでないものが阪本支持，という結果であった．納得のいく結果といえよう．

表 2.4 阪本支持対東支持の判別（数量化理論第Ⅱ類）（＋：阪本支持，－：東支持）

順位	アイテム	カテゴリー	スコア	順位	アイテム	カテゴリー	スコア
(1)	3) 学歴	旧小・新中卒	−45	(6)	17) テレビへの期待	教養を高める	−80
		旧中・新高卒	−3			指導性をもつ	−41
		旧大専・新大卒	+49			正確・迅速に報道	+15
		大学在学	+178			慰安・息抜き	+25
(2)	2) 年齢	20〜24	−10	(7)	10) 演説	参考にした	+86
		25〜29	+45			参考にしない	−15
		30〜34	+84	(8)	21) 阪本知識	正答なし	−70
		35〜39	+29			1つ正答	+4
		40〜49	−60			2つ以上正答	+22
		50〜59	−34	(9)	20) 東の知識	正答1つ以下	+34
		60以上	−37			2つ正答	+2
(3)	4) 組合	組合役員経験有	+107			3つ以上正答	−57
		組合加入経験有	+63	(10)	18) ラジオへの期待	教養を高める	−16
		組合加入経験無	−30			正確・迅速に報道	−7
(4)	14) 相談	相談した	+102			指導性をもつ	+17
		相談しなかった	−16			慰安・息抜き	+34
(5)	26) ストラテジー(2)	政治に対して穏健・現状維持	−75				
		(その他)	+33				

(飽戸・原, 1994)

2.5.3 数量化理論第Ⅲ類の例

数量化理論第Ⅲ類の例題として，図2.5，図2.6より政治意識の構造分析の例をみてみよう．

まず，政治意識のキー変数と考えられる3つのアイテム，①「政党支持強度」，②「保守革新支持」，③「保守革新志向」，を取り上げた．取り上げた3アイテムの単純集計結果は，① 政党支持強度では，強い保守支持，12％，中位の保守支持，29％，弱い保守支持，9％，支持政党なし，7％，弱い革新支持，9％，中位の革新支持，21％，強い革新支持，13％であった．② イデオロギーでは，保守，47％，中立，14％，革新，39％，そして，③ 保守革新志向度では，強保守，19％，やや保守，31％，やや革新，24％，強革新，21％という分布であった．

これら3変数について，数量化理論第Ⅲ類により，第3根まで算出した結果，この3つの根の間に一貫した関連があることが明らかになった．すなわち，第1根は，強い保守から，中位保守，弱い保守，そして支持なしを経て，弱い革新，

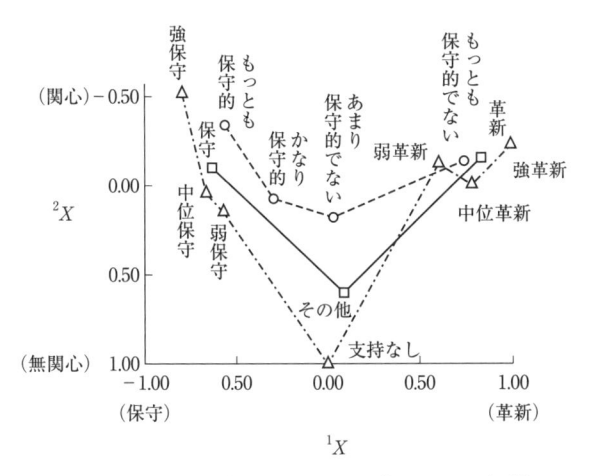

図 2.5 保守-革新（^1X content）×政治的関心度（^2X intensity）（飽戸, 1966）

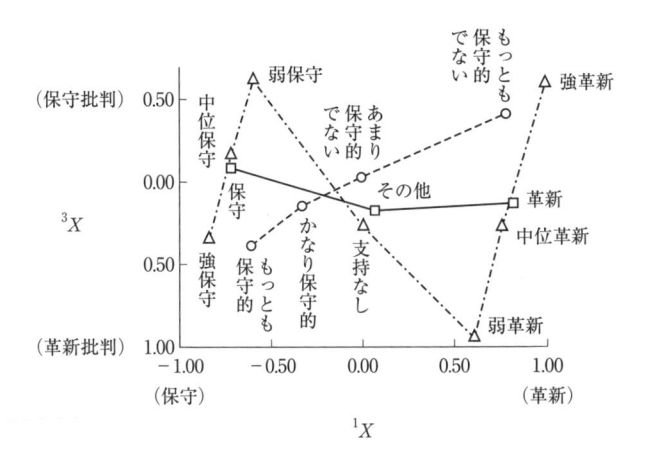

図 2.6 保守-革新（^1X content）×方向批判性（^3X closure）（飽戸, 1966）

中位革新，強い革新まで，7カテゴリーが，きれいに左から右まで一列に並び，まさに政治的保守-革新の次元であることが明らかになった．

そこで，この第1根を横軸に，第2根を縦軸に，そして同様に第1根を横軸に，第3根を縦軸に，プロットしたものが，図2.5，図2.6，である．第2根はU字型の回帰を，第3根はN字型の回帰を示している．これはすでにGuttmanが数理的に予測した結果とまったく一致していることがわかる．す

なわち，第1根は1次元の連続体（content），第2根は関心度または強度（intensity），そして第3根は方向批判性（方向性を加味した批判）（closure）の軸が析出されるという予測の通りになっている．すなわち，図2.5で，両端の，強い保守と強い革新は，「関心」が高く，第2根で高い数字を示しU字型になっている．そして図2.6では，強い保守は革新批判的（敵批判的），弱い保守は保守批判的（自己批判的），弱い革新は革新批判的（自己批判的），強い革新は保守批判的（敵批判的）というN字回帰の結果である．まさに「方向つきの批判」という軸であり，その含意も常識的に納得のいく結果であろう．たいへん興味深い結果といえよう．

2.5.4 数量化理論第Ⅳ類の例

最後に数量化理論第Ⅳ類の例をみてみよう．これはNHK放送文化研究所が2002年より行っている「子供に良い放送」プロジェクトの中の，幼児の欲求充足とメディアについての研究（飽戸・服部・一色（近刊））より，その研究の一部を抜粋したものである．

ここでは3歳児，4歳児，5歳児の幼児に対して，12の基本的欲求を示し，それらの欲求を充足するために，テレビ，CD・ラジオ，絵本，おもちゃ，お絵かき，外遊び，の6つの「メディア」のどれがいちばん用いられるかを尋ねたものである．3，4，5歳児への調査は通常母親などに尋ねることが多いが，ここではマンガなどを用いて，直接幼児に尋ねてみた．これはこの種の調査としては画期的なことである．結果は予想以上に正確に回答してくれていることがわかる．紙幅の関係で，4歳児の結果のみを表2.5に示す．

この結果を，欲求項目（X）について2次元で解析した結果が，図2.7であり，対応するメディア（Y）について，同じく2次元で解析した結果が図2.8である．

第Ⅳ類の特徴は，欲求とメディアとを同時に分類できるところにある．まず欲求については，図2.7より，友達とけんかしたときや，のんびりしたいとき，が左上に一群をなし，新しい歌を覚えるとき，が右上に孤立してある．そのほかは緩い一団となり下の方に散らばっている．メディアについては，図2.8より，CD・ラジオが左上に，テレビと絵本が右の方に，そして，外遊び，おも

2.5 数量化理論の適用例

表 2.5 幼児の欲求とメディアの単純集計（2006 年）

2006 年 4 歳児	1.面白いこと	2.教示	3.母と遊び	4.けんかした	5.のんびり	6.海	7.飛行機	10.退屈	8.新しい歌	15.友と仲良く	11.きれい	13.時間できた	合計	順位
テレビ	16	7	5	20	25	21	17	20	11	4	24	15	185	②
CD・ラジオ	5	6	6	21	26	6	6	10	73	3	2	6	170	①
絵本	9	12	19	13	17	32	32	13	4	8	19	12	190	①
おもちゃ	22	15	30	16	9	4	9	22	1	20	5	17	170	②
お絵かき	28	19	17	12	13	12	12	14	1	10	16	18	171	②
外遊び	15	29	18	7	4	7	7	12	1	38	12	12	163	③

（飽戸・服部・一色, 近刊）

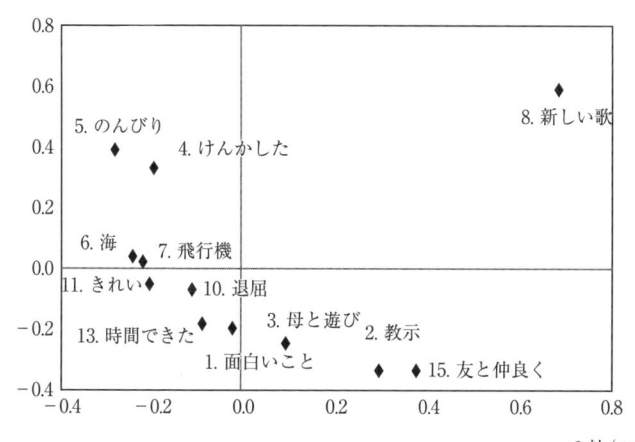

図 2.7 欲求構造 (X) の 2 次元グラフ（2006 年, 4 歳児）（飽戸・服部・一色, 近刊）

ちゃ，お絵かきが下の方に一団となっている．

　この欲求とメディアは，ほぼ対応していると考えられるので，この両者を結びつけると，けんかをしたときとか，のんびりしたいときには，CD かラジオを，新しい歌を覚えるときにはテレビか絵本を，そしてそのほかの，海について，飛行機について知りたい，母と遊びたい，友達と仲良く遊びたい，何か教えてあげたい，などのときは，マスメディアではなく，外遊び，おもちゃ，お絵かきなどが，重要な役割を果たしている，などが明らかになった．

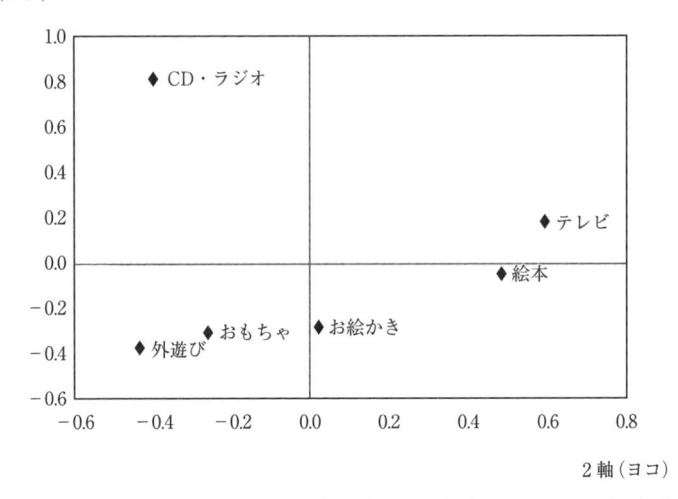

図2.8 メディア構造 (Y) の2次元グラフ (2006年, 4歳児) (飽戸・服部・一色, 近刊)

2.6 数量化理論の基礎哲学 (2)

次に, 2.1節・数量化理論の基礎哲学 (1) のところで, 言及できなかった特徴, 3点について, 以下, 考えてみよう.
哲学3. 関連の指標についての柔軟な思考とそれによるモデルの拡張.
哲学4. 数量化理論より多次元尺度解析への必然的発展.
哲学5. すべて, 新しい課題を解決するために, 新しい数理モデルを.

哲学3. 関連の指標についての柔軟な思考とそれによるモデルの拡張.
まず,「関連の指標についての柔軟な思考」により,「数量化理論がますます拡張を続け, ついには多次元尺度解析にまで必然的に発展していった」ことについてはすでにふれた. 筆者も数量化理論に, 第Ⅰ類, 第Ⅱ類, 第Ⅲ類, 第Ⅳ類, 第Ⅴ類, 第Ⅵ類, とまではナンバーを打って整理を試みたが, もはやその発展は目覚ましく, ついにナンバーを振ることを断念した. そしてそれは「多次元尺度解析 (multi-dimensional scaling ; MDS)」へと必然的に発展していっ

た．もはや，数量化理論とか多次元尺度解析とかと，分類することにあまり大きな意味がなくなっていったということであろう．本章では，伝統的慣行により，一応，数量化理論と多次元尺度解析は区別して用いているが，林の中ではまず，社会現象の数量化からはじまって，数量化理論へと体系化し，それは多次元尺度解析へと発展していかざるをえず，ついには，これらすべてを包括する，一般的な現象解析論，行動計量学とでもいうべきものへと発展していったと考えられる．

2.7 多変量解析の包括的整理と分類

林は晩年，実に包括的な多変量解析の整理を試みているが，ここに林の新しい理論，モデルの発見，開発の，原動力のヒントをみる思いがする．図2.9が「外的基準のある場合のモデル」，図2.10は「外的基準のない場合のモデル」である．(林, 1993a).

外的基準のある場合は，比較的簡潔で，外的基準が数量である場合に，これが「数量化理論第I類とよばれている」もので，相関係数が数量化の効率の指標として用いられ，「重回帰分析の拡張になっている」と記されている（図2.9①）．外的基準が分類で与えられている場合，さらに分類が2つの場合と，3つ以上の場合と分けてみていく．分類が2つの場合，相関比を最大にする方法と，判断的中率を最大にする方法とあるが，いずれも「数量化理論第II類とよばれている」もので，「判別関数の拡張となっている」（図2.9②）．分類が3つ以上のときは，ずっと複雑になるが，最終的には相関比に基づく数量化の拡張に帰着し，多次元的数量付与により可能となり，これも「数量化理論第II類とよばれている」ものであり，これも「判別関数の拡張となっている」とある（図2.9③）．

次の外的基準のない場合のモデル，図2.10が，実に興味深い．まずは要因の反応パタンに基づくものとして，その中を2つのものの関連を求めるものと，3つ以上のアイテムに対する反応のパタンの関連性を求めるものとに分け，後者が，「数量化理論第III類とよばれているもの」で，「反応がすべて数量で与えられている場合の主成分分析的方法と呼応する」と，ここでも慎重に対応関係

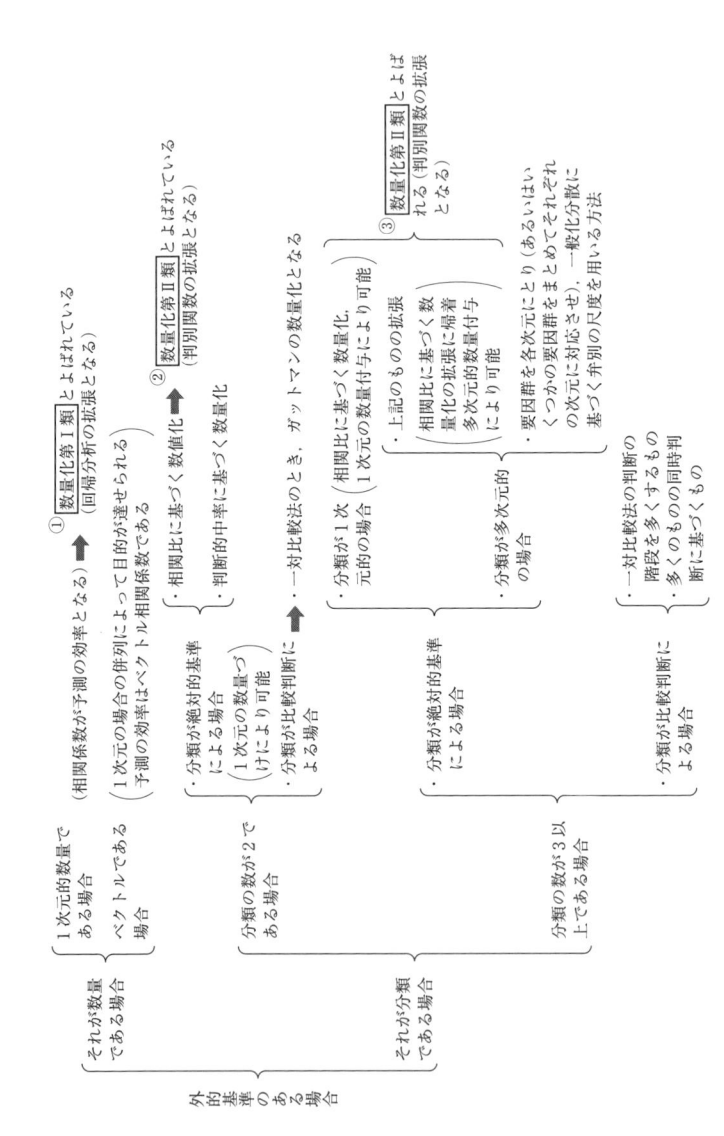

図 2.9 多変量解析のモデル（外的基準のある場合）（林, 1993a）

2.7 多変量解析の包括的整理と分類　　51

外的基準のない場合
├─ 要因の反応パターンに基づくもの
│   ├─ 2つのものの関連性を求めるもの
│   │   ・2つのものの関連性を（χ^2検定と関係が深い，相関比あるいは相関係数を最大にする方法）
│   ├─ 多重分類の数量化（岩坪）
│   ├─ 3つ以上のアイテムに対する反応あるいは，似たものの集め，パタン分類の数量化
│   │   ④ 数量化第Ⅲ類 とよばれる．Benzécri の analyse des donées (analyse des correspondances) ↔ Guttman のスケログラムアナリシス，MSA，POSA など
│   │   （反応がすべて数量比で与えられている場合の主成分的方法とも呼応する）
│   │   → additive な関係を用いた非線い一般化
│
└─ 要素間の関係表現に基づくもの
    ├─ 関係表現が数量である場合
    │   ├─ 2つのものの関係である場合
    │   │   ⑤ ノンメトリカルな取り扱い — e_{ij} 型数量化 — 数量化第Ⅳ類 とよばれる．
    │   │   関係が相関係数で与えられている場合は主成分分析法，因子分析法，非親近性，因子分析のどんな尺度でもよい）e_{ij}が親近性を表すしたものの（ソシオメトリー
    │   │   関係表現の制約をゆるくして求める構造を見るような最小次元 S を $i,j=1,2,\dots,N$ なるものの空間内に求める問題
    │   │   → 非対称の場合（千野）
    │   │   ↔ APM, Arrow and Point method
    │   │   ⑥ KL 型数量化
    │   │   ・メトリカルな取り扱い．e_{ij} が非親近性度を表すとするとき，これをあるユークリッド空間内の距離として理解できるような最小次元 S なるものの空間内に求める問題 Torgersonのメトリカル多次元尺度解析
    │   ├─ 3つ以上のものの関係である場合
    │   │   ⑦ e_{ijk} 型数量化
    │   │   ・ノンメトリカルな取り扱い — 上記 e_{ij} 型数量化の拡張
    │   │ i, j, k 3者の場合，3者以上でも同様
    │   │   ・メトリカルな取り扱い — Harshman の PARAFAC
    │   │   ・メトリカルな取り扱い — Tucker の three mode factor analysis
    │   │   ・メトリカルな取り扱い — i, j の関係が k を介して求められる場合
    │
    └─ 関係表現が数量でない場合
        ├─ 関係が絶対的基準による場合
        │   ・親近性，非親近性，e_{ij}に対する制限がゆるく，ランクデータあるいは順序のついたグループ分けのみが情報としてあたえられている場合
        │   ⑧ MDA-OR法 (Minimum Dimension Analysis Ordered Class Belonging)
        │   Shepard 法
        │   Kruskal 法
        │   SSA法 (Smallest Space Analysis, Guttman)
        │   ・個人差を加味したモデル (Carroll-Chang)
        │   ・非対称モデル (Young, Takane, 千野など)
        ├─ 関係が単に分類される場合
        │   ⑨ e_{ij}が単に分類の場合… MDA-UO (Un-Ordered)
        └─ 関係が比較判断による場合
            ⑩ ・一対比較による判定結果表が与えられる場合（いわゆる子育てが生じないように最小次元の空間と各要素の座標を求めそれぞれのものの布置を定める問題）
            ・多くのものの同時比較の場合 (Coomb の展開法)

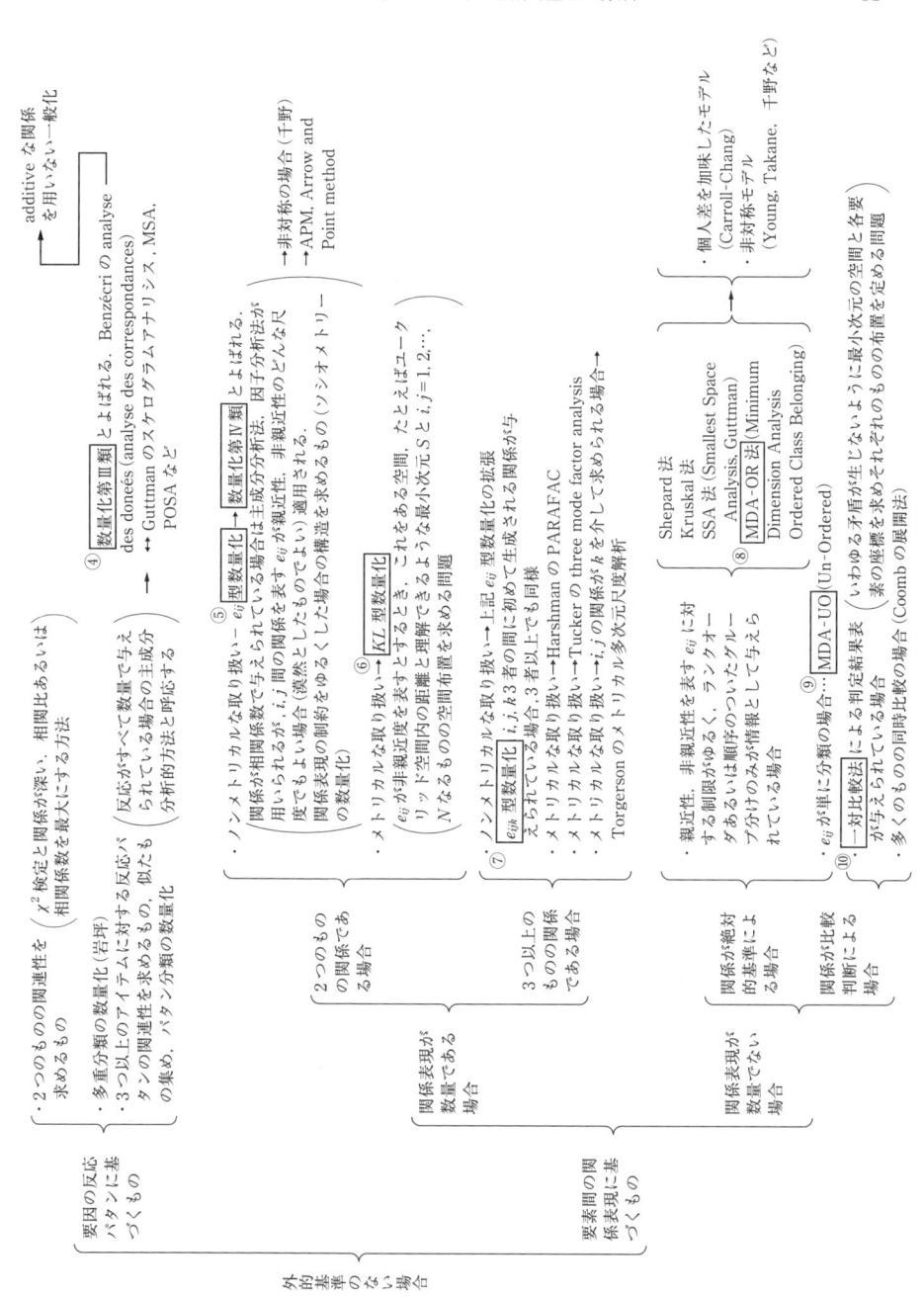

図 2.10 多変量解析のモデル（外的基準のない場合）（林，1993a）

が注記されている（図2.10 ④）．Benzecri の対応分析法や，Guttman のスケログラムアナリシス，POSA もこのグループに入るとされている．

飽戸(1964)では，あまりにストレートに「拡張である」ことを強調し，作者の許可なく，第I類，第II類，第III類などと命名してしまったため，お叱りを受けたが，ここでは読者の理解を第一にされたのであろう．しかしここでも「よばれている」と書かれているところは意味深長であり，やはりいまだに申し訳ない気がしている．

ここからが新しい発展の契機となる画期的なところである．それは「要素間の関係表現」についての柔軟な姿勢にあるといえよう．古典的多次元解析では，要素間の関係表現の指標は，相関係数か相関比であった．しかし，この関係表現の呪縛が解かれることで，実に多様なモデルが生まれることになったのである．

次いで，関係表現が数量である場合と，数量でない場合に分け，さらに数量である場合を2つのものの関係の場合と，3つ以上の関係である場合に分け，2つの場合をノンメトリックな取り扱いとメトリックな取り扱いに分ける．前者が e_{ij} 型数量化であり，「数量化理論第IV類とよばれる」．そして「関係表現が相関係数で与えられている場合は主成分分析法,因子分析法が用いられるが，i,j 間の関係を表す e_{ij} が親近性，非親近性のどんな尺度でもよい場合にも適用できる」，とある（図2.10 ⑤）．これが画期的なのである．親近性，非親近性の指標は，ノンパラメトリックな相関係数でもよいし，連帯出現率などでもよい．類似性，非類似性を表現できるものなら何でも用いることができる．ここで適用範囲が大きく拡大されたことに注目されたい．

e_{ij} 型をメトリックな取り扱いにしたものが KL 型数量化（第VI類）であり（図2.10 ⑥），ノンメトリックだが，i,j,k，3者間の関係に拡張したものが e_{ijk} 型数量化である（図2.10 ⑦）．

ここでさらに，この親近性，非親近性の指標についての制限を緩め，ユークリッド空間での距離でなくても，単なる順序だけでもよく，順序のついたグループ分けだけでもよい，というのが MDA-OR である（図2.10 ⑧）．（飽戸，1973）．ここで多次元尺度解析につながっていく．このグループに，Guttman の SSA，Shepard の方法，Kruskal の方法などが入るとされている（図2.10

⑧).

そしてさらに，このそれぞれのグループに順序すらついていなくてもよい，というのが，MDA-UO，である（図2.10⑨）．

この類似，非類似の指標が，一対比較で与えられている場合，いわゆる矛盾が生じないように最小次元の空間と，各要素の座標をもとめ，それぞれの次元ごとに順位とそのグループの大きさを推定するのが一対比較の数量化（第V類）である（図2.10⑩）．

一対比較の数量化の例

数量化理論第IV類からMDAに至る詳細は割愛し，その後のいくつかの実例をみてみよう．まず，一対比較の数量化であるが，心理学では一対比較法はたいへんポピュラーなモデルであり，よく用いられた（Guilford, 1954 他，参照）．しかし一対比較という通り，対象を「総当たり」で比較していくので資料収集レベルでの労力がたいへんだ．その割に，得られる結果は，すべての対象を一列に並べるだけである．間隔が正確に対象間の類似度を表現しているというご利益はあるが，努力の割に得られるものが少ないということで，近年，あまり用いられなくなった．

それに対して，林の一対比較の数量化は，画期的である．

ここにあげた例は，林と飽戸らが行った大型ステレオセットの好みのタイプについての調査結果である．東芝の協力を得て，7つの大型ステレオ機器を「総当たり」で2台ずつステージに並べ，デザインを見比べ，実際に音を聞いてもらい，どちらがいいかを判定してもらった．被検者は一般人48人であった．（林他, 1970）．

まず，48人の中には，ステレオや音楽に詳しい「音の通」とでもいうべき人もいれば，まったくの一般人もいる．そこでまず，e_{ij}型数量化により，この人たちをグルーピングすることを試みた．その結果，およそ，3つのグループに分かれることがわかった．もちろん，移行型，中間型のものもいるが，おおよその類似度によって，I，II，IIIの3グループに分けた．そして3グループ別に一対比較の数量化を行った結果が，表2.6である．

この結果より，Iグループが多数派であり，次いで，II，IIIグループがあること，そしてIグループでは，F>D>C>A>G>E>Bという順序で好まれ

表2.6 7つのステレオの一対比較研究（一対比較の数量化による）

選択のタイプ	グループI	グループII	グループIII
FDCAGEB	26	3	1
FBDAGCE	0	3	0
BADGCFE	6	4	5
計	32	10	6

（ステレオのA型からG型まで7タイプを, 48人で一対比較で評価）（林他, 1970））

ていること，IIIグループでは6人しかいないが，そのうち5人までが，B＞A＞D＞G＞C＞F＞Eという順序で好んでいること，そしてIIグループは10人いるが好みの序列は，各タイプ，3人，3人，4人と，好みが割れていること，などがわかる．

FDC…型が48人中30人（62％）で，最も多い好みの順位であること，そしてややマイナーだが，次いで多い好みの順位は，BAD…型で，48人中15人（31％）といった結果が明らかになった．そして，FやDは，一般人に受けるようなタイプであり，BやAは，いわば音に関して通と思われる人々から高い評価を得ていることがわかった．

こうして，「通」を狙うなら，BかAを，一般大衆を狙うならFかDを，発売するのが最適である，という結果が得られた．従来の一対比較法であれば，この第1グループのみの結果しか析出されないが，一対比較の数量化によってはじめて，いくつかの好みの順序の異なるグループがあり，それぞれのグループの大きさまでが明らかになった．これはマーケティング上，ターゲットごとに製品化を考えていくマーケティングセグメンテーションの上でも，貴重な手法であり，本研究の結果も，新鮮な知見であった．

哲学4. 数量化理論より多次元尺度解析への必然的発展.

MDA-UO の例

最後に，林の最も新しい多次元尺度解析，MDA-UOの例についてみてみよう．これも，林と飽戸らによって行われた朝日新聞社の研究からの抜粋である（飽戸, 1975b）．

当時，主要新聞社は自分たちの読者の特徴を把握したいと，さまざまな調査を行っていた．しかし，なかなかその特徴は明らかにならなかった．それは性

表 2.7 二変数の組み合わせごとに5紙でトップとなった各社名（抜粋）

		性		年齢			学歴			……
		男	女	~29	30~39	40~	中学	高校	短大以上	
性	男	0	0	4	4	5	3	5	4	
	女		0	1	3	5	5	3	4	
年齢	~29			0	0	0	3	3	1	
	30~39				0	0	5	5	4	
	40~					0	3	5	4	
学歴	中 学						0	0	0	
	高 校							0	0	
	短大~								0	
	⋮									

1：朝日，2：B紙，3：C紙，4：E紙，5：D紙　（飽戸，1975b）

別，年齢別，学歴別，所得階層別，イデオロギー別などが複雑に絡み合っていて，単純なクロス集計では特徴がみられなかったためと考えられる．そこで，さまざまな変数を組み合わせて各紙の特徴を析出できないかと考えた．これが本研究の背景である．

取り上げた新聞は，朝日，毎日，読売，産経，日経の5紙である．これら5紙を弁別する説明変数として，性，年齢，学歴などのデモグラフィック要因から，ライフスタイル要因，そしてパーソナリティー要因まで含めて，総当たりのクロスを取り，それぞれの組み合わせごとに，トップとなった新聞は5紙のいずれであるかを，表2.7のように1から5までの数で書き出していった．表中，1~5は，各組み合わせのときに，トップになった各新聞の名前である．これを取り上げた全変数の組み合わせについて記入していくのだから，たいへんな作業であった．

これらの外的基準は，新聞社5社，A（朝日），B，C，D，E社，というだけだから，大きさもなければ，順位もない．これらのデータについてMDA-UO の解析を行った結果（ウエイト，X_i）が，図2.11である．この図2.11の2次元の数値（ウエイト）の，新聞社5紙ごとの平均値（スコア，Y_i）をプロットしたものが図2.12である．

1975年当時の主要新聞社の読者の特徴が見事に浮かび上がっているところを確認されたい．第1軸はSESの高低の軸，第2軸は生活革新的対保守的の軸と解釈できそうである．そう考えると，5社の当時の読者の特徴がよく出て

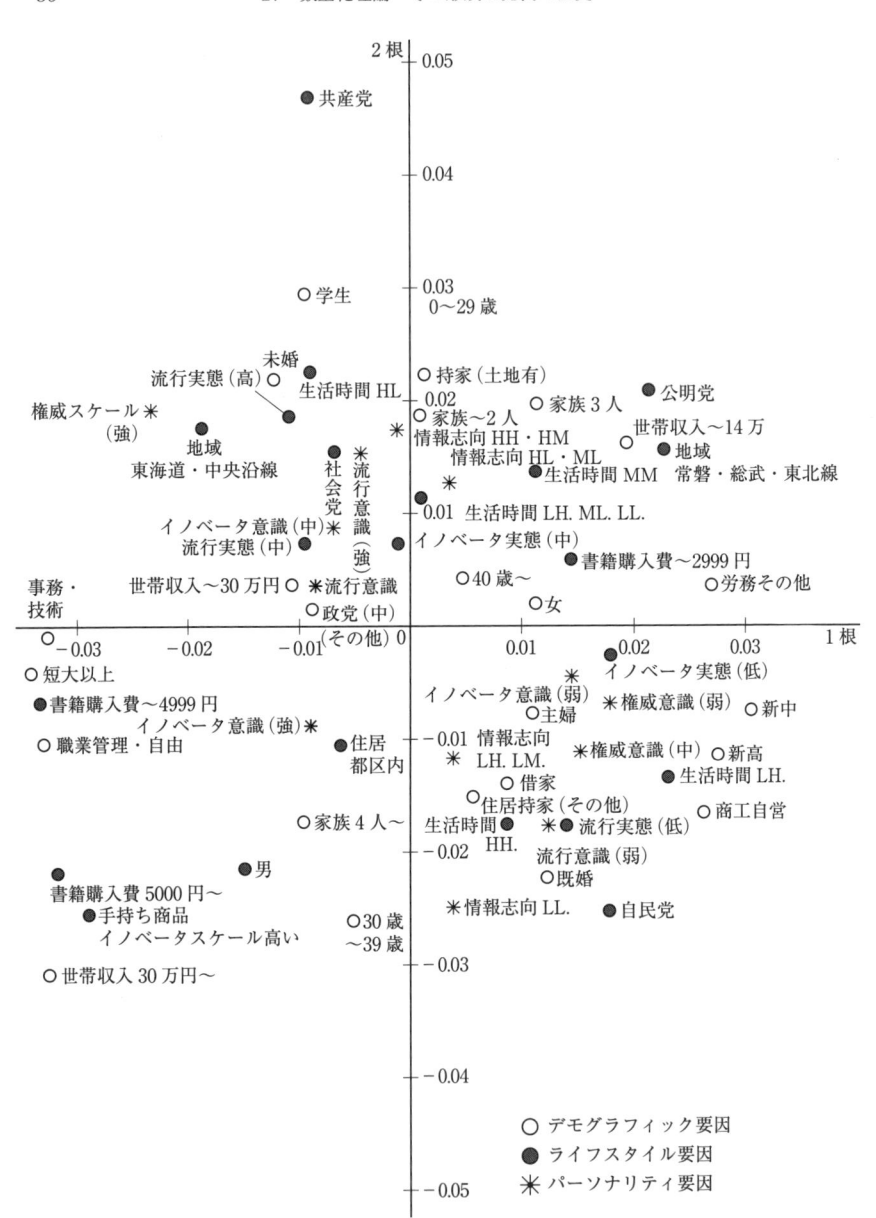

図 2.11 60 要因 (X) の MDA-UO 解析の分布 (1 根×2 根) (飽戸, 1975b)

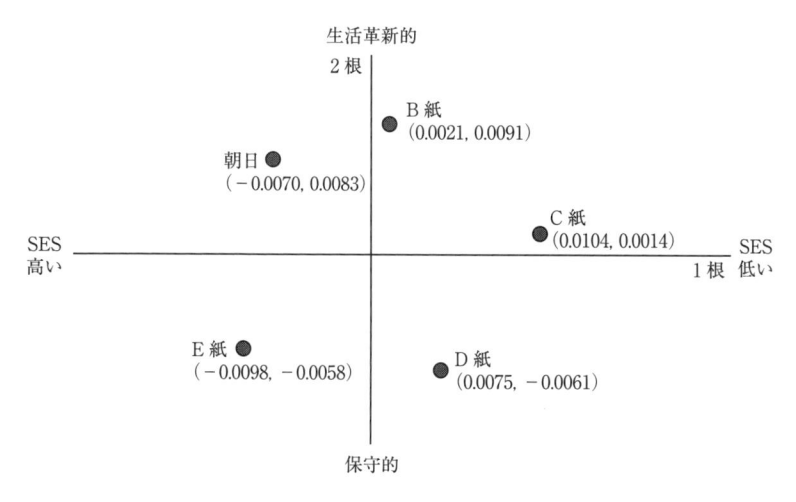

2.7 多変量解析の包括的整理と分類

```
                        生活革新的
                          2根
                                 ● B紙
                                   (0.0021, 0.0091)
           朝日 ●
             (−0.0070, 0.0083)
                                         ● C紙
                                           (0.0104, 0.0014)
    SES ─────────────────────────────── SES
    高い                              1根        低い

        E紙 ●
        (−0.0098, −0.0058)      ● D紙
                                  (0.0075, −0.0061)

                         保守的
```

図2.12 主要新聞社5紙読者層の空間配置（MDA-UO解析によるYの平均値）（飽戸, 1975b）

いるといえよう．B〜E紙を，各自予測されたい．単純なクロス集計ではみることのできなかった各紙の読者の特徴が，こうして浮かび上がってきた．多変量解析の醍醐味を味わえる結果であったといえよう．

哲学 5. すべて，新しい課題を解決するために，新しい数理モデルを．
　　　―新しい問題を解決するための新しい解析モデル―

　はじめの数量化理論の哲学のところでふれた最後の特徴として，数量化理論は，そしてそれをさらに発展させたMDAも，一対比較の数量化も，すべて，新しい問題を解くために開発されていった，ということは肝に銘ずべきことであろう．

　ここに因子分析というモデルがある．判別関数というモデルがある．だからそれを使ってみよう，ということでは，真に適した現象解析は不可能である．新しい酒は新しい革袋に入れなければならない．新しい酒を入れるのに最も適した革袋はどんなものか，1つずつ丁寧に吟味し，つくりだして行った，それが数量化理論である．

　最後に，このような状況を，膨大な文献研究により整理を試みた森本（2005）の研究をもとに，整理してみよう．森本は林の多くの文献を克明に精査し，数

量化理論の成立の歴史をまとめている．それぞれが共同研究，共同調査の結果を分析・考察する中で完成していったモデルであるため，研究が開始・完了した時期と，成果が刊行された順序と，一致しないが，およそ，以下のように (1) から (5) までの順序で，数量化理論の4つのモデルが完成したとしている．すなわち，

(1)「西村克彦・林知己夫(1955)．仮釈放の研究．東京大学出版会.」2群の判別的中率を最大にする要因の数量化．林と西村との共同研究は，1947年にまでさかのぼる．西村が林に相談・支援を求めたところから出発したといわれる．長い試行錯誤の結果，2群を判別する弁別判断的中率を最大にするための諸要因の数量化に成功する．第Ⅱ類の出発である．

(2)「林知己夫・池内一・水原泰介・大塩俊介・佐野勝男(1954)．米仏文化に対する態度調査．統計数理研究所彙報, 1(2), 5-40.」米国ファンとフランスファンの2群を弁別するための相関比を最大にする数量化を考える．第Ⅱ類の一般化となっている．

(3)「石黒修・柴田武・島津一夫・野元菊雄・林知己夫(1951)．日本人の読み書き能力．東京大学出版部.」1948年スタートした「読み書き能力調査」により，読み書き能力を予測する要因の数量化を試みる．第Ⅰ類のスタートである．

(4)「林知己夫(1956a)．能率と労務管理．林知己夫(1956)．工業統計（新しい経営管理の在り方），産業図書, 191-212.」国鉄保線区職員調査のソシオメトリーデータによる職員のグループ化．親近性の指標が高いものが近くに，低いものが遠くにプロットされるよう数量化．第Ⅳ類に相当する．

(5)「林知己夫(1956b)．商業デザイナー，佐藤敬之輔との缶詰めデザインについての共同研究．統計数理研究所彙報, 4(2), 19-30.」デザインと調査集団の相関係数を定義し，それを最大にするように，両者を同時に数量化する方法を考案．第Ⅲ類のはじめといえよう．

こうして，数量化理論のそれぞれのモデルは，新しい問題を解決するために，一つ一つ，丹念に吟味され，検討され，多くの試行錯誤の果てに，ようやく組み立てられていった苦心の作であることがわかる．

かつて林は日本行動計量学会の発足に際して，「さまざまな分野の研究者が，

真の共同研究にまで進み，1つの問題を解決するために協力し，虚心にこの問題の解決に取り組むとき，新しい方法論が生まれ，しかも課題解決に有効なものとなる．それは既存の各分野にも有効なものとしてフィードバックされよう．既存の方法論の単なる寄せ集めを脱却して行かなければ進展はない．」と語っている．林の基本姿勢が，簡潔に語られている（林, 2008）．まさに数量化理論の一つ一つが，多次元尺度解析の一つ一つが，こうしてできあがってきたことがわかる．

　そして林の晩年の著作では，もう数量化理論も，多次元尺度解析もなく，すべてが『行動計量学』という志向の中に包括されている（林, 1993b）．われわれはこうして林が築きあげてきた実に多くの苦心の作を，自由に用いることができるのである．この恩恵を最大限に活用し，林が祈念していた行動計量学の発展に，大いに尽力したいものである．

　最後に，本章で用いられたデータは，すべて筆者自身の行った研究，または筆者も参加して行った研究から引用したことを付記したい．このような多くの共同研究の機会を与えて下さり，ご指導下さった林知己夫先生，そして多くの共同研究に協力して下さった知人・友人のみなさんに，心から感謝したい．

文　　献 (刊行順)

Thurstone, L. L. (1927). A law of comparative judgment. *Psychol. Rev.*, 34, 173-186.
Guilford, J. P. (1936). *Psychometric Method*. McGraw-Hill.
石黒　修・柴田　武・島津一夫・野元菊雄・林　知己夫 (1951). 日本人の読み書き能力. 東京大学出版部.
Guilford, J. P. (1954). *Psychometric Method* (2nd ed.). McGraw-Hill.
林　知己夫・池内　一・水原泰介・大塩俊介・佐野勝男 (1954). 米仏文化に対する態度調査. 統計数理研究所彙報, 1(2), 5-40.
西村克彦・林　知己夫 (1955). 仮釈放の研究. 東京大学出版会.
高木貞二 (編) (1955). 心理学における数量化の研究. 東京大学出版会.
林　知己夫 (1956a). 能率と労務管理. 青山博次郎・林　知己夫 (編) (1956). 工業統計（新しい経営管理の在り方）. 産業図書, pp. 191-212.
林　知己夫 (1956b). 数量化理論とその応用例（Ⅱ）. 統計数理研究所彙報, 4(2), 19-30.
飽戸　弘 (1964). 数量化理論—社会行動研究における適用の効用と限界について—. 年報社会心理学, 5, 73-103.
飽戸　弘 (1966). 政治的態度の構造に関する研究1. 心理学研究, 37(4), 204-218.
飽戸　弘 (1967). 政党支持の論理と心理. 埼玉大学紀要, 3, 33-60.

飽戸　弘（1969）．消費者行動の要因分析―クラリーノの購入プロセスの研究―．マーケティング・リサーチ，1(2), 25-43.
林　知己夫・樋口伊佐夫・駒澤　勉（1970）．情報数理と統計数理．産業図書．
飽戸　弘（1971）．政治行動．高木貞二（編）（1971）．現代心理学と数量化．東京大学出版会，pp. 255-258.
高木貞二（編）（1971）．現代心理学と数量化．東京大学出版会．
飽戸　弘（1973）．多変量解析と距離．数理科学，120, 30-38.
林　知己夫（1974）．数量化の方法．東洋経済新報社．
飽戸　弘（1975a）．政党支持の世代差．日本放送出版協会放送世論調査所（編）（1975）．日本人の意識．至誠堂，pp. 164-186.
飽戸　弘（1975b）．多次元尺度解析とMDA―最近の動向．広告月報10月号，朝日新聞社．
飽戸　弘（1976）．幸福の要因分析．国民生活選好度調査．経済企画庁，pp. 130-178.
林　知己夫・飽戸　弘（編）（1976）．多次元尺度解析法．サイエンス社．
林　知己夫（1977）．データ解析の考え方．東洋経済新報社．（林, 1974の続編）
飽戸　弘（1979）．投票行動の社会心理学的研究―1979年東京都知事選を素材に―．マーケティング・リサーチ，15, 18-34.
高木貞二（編）（1980）．心理学における数量化の研究．東京大学出版会．
飽戸　弘（1981）．脱保革時代の政党選択 I ―1980年衆参同時選挙の分析．東京大学新聞研究所紀要，29, 1-66.
飽戸　弘（1981）．政党支持の構造分析．日本放送出版協会放送世論調査所（編）（1981）．第2日本人の意識．至誠堂，pp. 139-178.
林　知己夫（編著）（1984）．多次元尺度解析法の実際．サイエンス社．（林・飽戸, 1976の続編）
飽戸　弘（1985a）．データで人を動かす法―数字ぎらいの統計入門．主婦と生活社．
飽戸　弘（1985b）．消費文化論．中央経済社．
林　知己夫（1993a）．統計ライブラリー　数量化―理論と方法．朝倉書店．
林　知己夫（1993b）．行動計量学シリーズ1　行動計量学序説．朝倉書店．
飽戸　弘・原　由美子（1994）．多変量解析入門．NHK放送文化研究所．
Chu, Godwin, Hayashi, C. & Akuto, H.（1995）. Comparative analysis of Chinese and Japanese cultural values. *Behaviormetrica*, **22**(1), 1-35.
飽戸　弘・林　知己夫・鈴木裕久・岩男寿美子・林　文・中村雅子・是永　論・Godwin, C.・呉　聖苓・胡　申生（1998）．浦東地区開発計画に伴う価値意識の変化に関する研究―日本・中国の国民性比較のための基礎研究―．MIMEO.
飽戸　弘（1999）．売れ筋の法則．筑摩書房．
飽戸　弘・原　由美子（2000）．相手国イメージはどう形成されているか―日本・韓国・中国世論調査から（その2）．放送研究と調査8月号，NHK, 56-93.
森本栄一（2005）．戦後日本の統計学の発達―数量化理論の形成から定着へ―．行動計量学，32(1), 45-67.
林　知己夫・日本行動計量学会（編）（2008）．論文―その世俗的な話し　日本計量行動学会35年記念誌，p. 104.
飽戸　弘・服部　弘・一色伸夫（近刊）．幼児の欲求構造とメディア．NHK放送文化研究所．MIMEO.

3

意思決定理論の軌跡と発展
―横断的な基礎チュートリアル―

「意思決定」(decision-making) は用語としては，もとは「意志決定」であり，'意志'を決めることであったが，実存的ニュアンスを避けるために，1970年代頃より'意思決定'が主調となり，現在ではほぼこれに定着している．making は'すること'，'作成'を意味し，また decision は動詞形 decide の名詞形である．decide はラテン語 *decidere*（決める）に由来するが，*de*—は分離を意味する接頭辞，—*cidere* は'切る''断つ'を意味する．すなわち，多くの選択肢の中より最も可能なもの有価値なものを選別し，ほかを棄却することを内容とする．今日，学習理論などはおおまかにはこの論理の流れの中にある．

3.1 意思決定の射程

「意思決定」は，大そう射程は広く，大別して

(1) これ自体を主内容としてモデル化した理論（ベイズ的接近を含む）

意思決定モデル（decision-making model），決定分析（decision analysis），効用分析（utility analysis）など，しばしば，個人の意思決定（individual decision-making）といわれる

(2) これを論理の要素として取り入れた諸理論

統計的決定理論（statistical decision theory），判別分析（多変量解析）（discriminant analysis），信号検出理論（signal detection theory），リスク理論（risk theory）など

(3) さまざまな理論的背景をもつが，社会の「決定」の要素を理論の出力

として有する諸理論

ゲーム理論（theory of games），社会選択（social choice），さらには集団的決定（collective *or* group decision making），オペレーションズ・リサーチ（operations research）

(4) 通常は意思決定の理論とは考えられないが，最広義ではその要素を含む理論あるいはその領域

きわめて多様であり，羅列の感は免れないが

a. 公共選択（public choice），意思決定過程（decision-making process）など
b. 認知科学（cognitive science）
c. 経営科学（management science），組織理論（organisation theory），管理会計（managerial accounting），ファイナンス理論（finance）
d. 最適化数学

(1)〜(3)までは方法論的に数理色が強いが，(4)はdの例外を除いて，おおむね記述的方法が優越している．

3.2 意思決定の理論の基本設定

ほとんどすべての意思決定の理論は，少なくとも2つの個別の基本概念を構成要素としてもち，これをともに欠いては理論を構成しえない．1つには「効用」（utility）の概念，いま1つは「確率」（probability）およびその下位あるいは関連概念である．

3.2.1 効　　用

有価物（経済学では「財」）にその物理量 x とは別の（正確には，その線形関数ではない）価値関数 $u(x)$ が存在することを推認したのは学者一族として知られるベルヌーイ家の D. ベルヌーイ（D. Bernoulli）(1700-1782)であり，その歴史的契機になったのはいわゆる「聖ペテル（ス）ブルグの逆説」である．それを現代風に定式化して述べよう．

正しい硬貨を逐次投じる試行で，n 回目にはじめて表を得たときに $X = 2^n$

円を賞金として獲得する賭けの期待値は $E(X)=\infty$ となるというもので，健全な感覚の持主からは受入不可能な結論である．ベルヌーイは x 円の精神的（主観的）価値を $u(x)=\log x$ とすれば $E(u(x))=\log 4$ で，この賭けの確実同値額（C. E.）は4円にすぎないとし，ここで健全感覚と一致をみる．

これが効用理論の嚆矢であるが，現代の効用理論はこれが文字通りに継承されたわけではなく，より手前から整理しなおして論ずる．すなわち「序数効用」（ordinal utility）と「基数効用」（cardinal utility）の二大区別である．

序数効用　順序（order あるいは ordering）による表現であり，選択肢 x, y, z, … に対して $x>y$ を 'x は y に対して好まれる'（preferred to），'x は y よりよい'，$x \sim y$ を 'x と y の間では区（差）別できない'，$x \gtrsim y$ を $x>y$ あるいは $x \sim y$ をそれぞれ意味すると定義し，

（ⅰ）$x \gtrsim y$

（ⅱ）$x \gtrsim y$, $y \gtrsim z$ ならば $x \gtrsim z$

（ⅲ）任意の x, y に対し，$x \gtrsim y$ あるいは $y \gtrsim x$

と約束する．この順序関係を全順序という．（（ⅰ），（ⅱ）のみを反順序という）．

この $\gtrsim$ による価値表現を選好順序（preference ordering）という．意思決定の理論の射程によっては，選好順序だけによる理論構成が主張される．これを「序数主義」（ordinalism）といい，古くはパレート（V. Parete）に淵源をもち，経済学者ロビンス（L. Robbins），ヒックス（J. Hicks）によって主張され，セン（A. Sen）までに連なる理論前提である（基数効用の個人間比較の不可能性）．

基数効用　数量的効用である．選好順序 $\gtrsim$ を関数まで進めたものであり，ある関数 $u(\cdot)$ があって，$\gtrsim$ との両立

$$x \gtrsim y \iff u(x) \geq u(y)$$

が成立するとき，$u(\cdot)$ を「効用」とか「効用関数」（utility function）という．ただし，u とその正のアフィン変換 $au+b$ ($a>0$) は互いに区別しない．

明らかに選好順序より効用関数の方が数学的柔軟性，広い演算性があり，広く用いられている．その鼻祖は「効用」の最初の唱道者で19世紀のベンサム（J. Bentham）であり，次世紀に入って，ピゲー（A. Piguet），バーグソン（A. Bergson）らによって「社会厚生関数」としての役割を与えられたほか，顕著な応用例としては，フリードマン（M. Friedman）とサベジ（L. J. Savage）

にはじまる．リスク理論で，効用関数の凹凸でリスクに対する受忍，回避の別が決まる．また，ベルヌーイ流の効用関数（対数効用関数）の自然な形は，心理学の「ウェーバー-フェヒナーの刺激-反応法則」あるいは別領域ではあるが，「限界効用逓減の法則」へ継承されたとみてよいが，学説史的に明白なつながりはない．

賭けのスキームを通じて効用関数を実測する理論はハーバード大学を中心としたレイファ-シュレイファーによる決定分析（decision analysis）の学派により，経営決定で生かされている．

基数効用の実在性を強く主張する理論流派は少ないが，この操作上の有用性を認める理論はきわめて広汎で，意思決定理論では不可欠とされる．

3.2.2 確率と確率分布

「確率」（probability）は確からしさの程度の数量的尺度と考えられ，0～1の間の数で0（まったく起こりえない）から（必ず起こる）までが無限段階に段階化されている．「確率」を用いるあらゆる理論をながめるとき，このことはほとんど暗黙の前提とされている．

もっとも，'probability' を「起こるかもしれない」（probable）を単に文法的に名詞化しただけで，数量化することまでは含まないとする少数説もあることは社会，経済を論じる上では注目すべきで，そのよく知られた論者は経済学者ケインズ（J. M. Keynes）である．Keynes は社会経済現象では不確実性が卓越し，その不確実性は数量化できるような単純なものではないとする信念があり，それがケインズ経済学の最初の基礎を形づくっていることは，存外と知られていない．

数量的確率は，当初パスカル（B. Pascal），フェルマー（P. de Fermat），ホイヘンス（C. Huygens）らによって発想の基礎が与えられ，J. ベルヌーイ（J. Bernoulli）の『推測術』によりまとめられ，ド・モアブル（A. de Moivre）の『確率論原論』によって彫琢され，最終的にラプラス（P. S. Laplace）によって古典確率論に大成された．Laplace の確率論は今日の確率論に発展する諸概念の出発点というべきものである．いわゆる，組み合わせ論的確率論の規則；

すべての場合の数が N，事象 A の場合の数が n_A ならば，すべての場合が

3.2 意思決定の理論の基本設定

同等に確からしい限り，A の確率は

$$P(A) = \frac{n_A}{N}$$

で与えられる，
は最もよく知られているものである．ただし，ここに留まるだけでは狭過ぎ，これと並行して，いわゆる「逆確率」のルール；

$E_i\,(i=1,2,\cdots,n)$ を排反的で，可能な原因，F を 1 つの結果とするとき，F を得てそれが E_i を原因とする確率（事後確率）は

$$P(E_i|F) = \frac{P(E_i) \cdot P(F|E_i)}{\sum_j P(E_j) \cdot P(F|E_i)}$$

で与えられる，
も公準として述べられており，これは今日「ベイズの定理」として知られる．この逆確率は，少なくとも意思決定理論では本質的であるにもかかわらず，等閑視され，今日の確率論の社会応用の停滞を招いている．

実際，ピアソン（K. Pearson），フィッシャー（R. A. Fisher）にはじまる数理統計学においては，確率は別系統の「頻度説」（frequency theory）；

N 回の試行で n_A 回 A が出現したとして，A の確率として

$$N \to \infty \text{ のとき，} \frac{n_A}{N} \to \alpha \text{（相対頻度の極限）}$$

なる α をもって，$P(A) = \alpha$ と定義する，
が採用される．'$N \to \infty$' はフィクションであるが，少なくとも理論の運びの中で用いられることに大きな問題はない．A を R' の区間として，データ x_1, $\cdots, x_n$ の背後に未知の $f(x)$（≥ 0，全積分 = 1）を想定するのが「密度関数」でそれで展開する．この数理統計学的なアプローチは「ネイマン・ピアソン理論」

表 3.1 数理統計学上重要な密度関数

$f(x|\theta)$	その事前分布
二項分布	ベータ分布
ポアソン分布	ガンマ分布
正規分布（μ）	正規分布
多変量正規分布（μ）	多変量正規分布
正規分布（σ^2）	逆ガンマ分布
正規分布（Σ）	逆ウィシャート分布

として大成功を博し，多大な学問，諸領域において応用上の承認を得たが，今はマンネリ化した'巨塔'となっているとの見方を免れない．

これに対し，「ベイジアン」といわれる人々は，$f(x)$ はパラメータ θ によって $f(x|\theta)$ と指定されているから θ を原因として θ に確率（事前確率）を考えることが科学的にも哲学的にも合理的として，ベイズの定理によって θ の事後確率を求め，それを基に種々の意思決定を行う．事前確率の指定は，決定者の信念に基づくと想定して「個人確率」(Savage)，あるいは「主観確率」を考えることが順当であるとする．これは'もう1つの'確率であった「逆確率」の再興であり，今日「ベイジアン・ルネッサンス」といわれる．

3.3 意思決定理論の枠組

「効用」「確率」をペアの基本概念として，多くの意思決定の理論が展開するが，そのいくつかを紹介する．これらは互いに密接に関連しているわけではないが，全体として今日機械学習の理論などに取り入れられている．

3.3.1 不確実性下の意思決定

意思決定理論の代表格であり，その理論枠組の教育的価値は大きく，決定分析の出発点である．いま不確実に出る量 X, Y があり，その可能な値と確率の組み合わせは次のようになっている（表3.2）．ここで確率はベイジアンの主観確率も許すものとする．

これら X, Y を賭け[1]の賞金として，どちらの賭けを採るべきかを決定する．

このような問題（この問題だけでなく）を解く基本仮説がフォン・ノイマン (J. von Neumann) の「期待効用仮説」(expected-utility hypothesis) である；

表3.2　2通りの賭け

X	x_1	x_2	$\cdots x_k$	Y	y_1	y_2	$\cdots y_l$
確率	p_1	p_2	$\cdots p_k$	確率	q_1	q_2	$\cdots q_l$

---

[1]「賭け」は一般人にとっては非合法であるが，ここでは経営における損益，新規プロジェクトの成否などを考えるためのたとえである．もちろん，合法的なカジノを考えてもよいし，金銭上の利益をともなわない勝敗遊戯を思い浮かべてもよい．

3.3 意思決定理論の枠組

不確実な量 $X, Y, Z, \cdots$ があるとき，これらの間に

$$X \succsim Y \quad \Leftrightarrow \quad X を Y より好む，あるいは両者は同等$$

という選好順序があり，かつこの順序は公理（ⅰ），（ⅱ），（ⅲ）を満たすとする．このとき，

$$X \succsim Y \quad \Leftrightarrow \quad E(u(X)) \geqq E(u(Y))$$

となる効用関数 $u(\cdot)$ が存在する．ただし期待値 $E(\cdot)$ は表 3.2 にしたがってとるものとする．

この仮説によって，確率変数を含む意思決定はある効用関数の期待値計算とその大小比較に帰着する（効用分析）．つまり，意思決定における確率的問題には効用の期待値で解かれるとの保証が得られた，

むしろ，この仮説のもう１つの意義は，それが必ずしも成立しない逆説にある．その典型例は確率に 0.99 など確実性に近い項が含まれる場合で，確実を好む心理的性向から，当然の $\succ$ が逆転する（確実性効果）．これを「アレーの逆説」という．

いま，利得と確率の組み合わせの 4 通りを

$$a_1 = [10000, 0; 0.1, 0.9], \quad a_2 = [15000, 0; 0.09, 0.91]$$
$$a_3 = [10000, 0; 1.0, 0], \quad a_4 = [15000, 0; 0.9, 0.1]$$

としよう．

われわれの多くは $a_2 > a_1$ かつ $a_3 > a_4$ という選好を示すことは経験的に認められよう．ところが実はこれは互いに両立せず矛盾する．実際，期待効用仮説に基づき，$u(10000) = x$, $u(15000) = y$, $u(0) = z$ として 2 つの不等式を実際につくってみれば，これらが互いに矛盾することはただちに導かれるので，試してほしい．さもなくば，次のようにしても逆説は出る．ここで $a_0 = [0; 1.0]$ としてみると

$$a_1 = (0.1)a_3 + (0.9)a_0, \quad a_2 = (0.1)a_4 + (0.9)a_0$$

となることをみるのは容易である．独立性の公理（略）から

$$a_3 > a_4 \quad ならば \quad a_1 > a_2$$

とならなければならない（図 3.1）．

この逆説を解決するために，多くの理論的仕組みが考えられたが，トゥバースキー（A. Tversky）の「プロスペクト理論」はこれを契機として構想され

```
           0.1   10000            0.09   15000                                0.9   15000
    a₁ :                  a₂ :                        a₃ ○────── 10000   a₄
           0.9   0                0.91   0                                    0.1   0
```

図 3.1 アレーのパラドックス
有名な例．確実性効果が働き $a_3 > a_4$ となろうが，他方 $a_2 > a_1$ である．（松原，2001）

た理論である．「プロスペクト」(prospect) とは'見込み'といった意味だが，「確率」(probability) よりは，人間のリアル感覚に最初から合わせた物差しであり，現実の予測理論の参照枠として承認され，最近では数理ファイナンス理論で「行動ファイナンス」では広く活用されている．

3.3.2 統計的決定理論

統計学に意思決定理論の合理性を与えるために，統計学者ワルド（A. Wald）は，von Neumann らの「ゲーム理論」(theory of games) の出現と興隆の中で，ネイマン（J. Neyman），ピアソン（E. S. Pearson）の仮説検定論（仮説 vs 対立仮説），また最小二乗推定に発するパラメータ推定の理論は「統計的決定関数」(statistical decision function) としてゲーム理論の発想枠組の中で統合できるとする「統計的決定理論」(statistical decision theory) を構築し，大きな成功をおさめた．すなわち

(1) 確率分布のパラメータを θ として，その全体を Θ で，
(2) 検定，推定などの結果を表す「行動」(action) を a，その全体を A で，
(3) (θ, a) の評価として，推定誤差，検定の過誤などの損失を関数 $L(\theta, a)$ で，
(4) θ に基づいて生じるデータ z の確率分布を z，その全体を Z で，
(5) θ のときのデータ z の確率分布 $f(z|\theta)$ で，
(6) z に基づいて採用する行為を $a = d(z)$ で，
(7) 必要に応じて想定する θ の重み確率（事前確率）を $w(\theta)$ で，
表すと，最適な統計的決定は，

（ⅰ）$z \in Z$ に $a \in A$ を対応させる決定関数 $a = d(z)$ に対し，損失関数 L の $f(z|\theta)$ での期待損失を

$$R(\theta, d) = E_z L(\theta, d(z))$$

3.3 意思決定理論の枠組

表3.3 統計的決定理論のゲーム

(a) 損失関数 L

状態＼行動	a_1	a_2	a_3
θ_1	0	2	5
θ_2	5	2	0

(b) データの確率分布 f

状態＼観測値	z_1	z_2	z_3
θ_1	0.70	0.20	0.10
θ_2	0.20	0.30	0.50

決定方式は，A から Z への写像（関数）で，全部で $3\times 3\times 3=27$ 通りある．

(c) すべての決定方式 d

	d_1	d_2	d_3	d_4	d_5	d_6	d_7	d_8	d_9	d_{10}	d_{11}	d_{12}	d_{13}	d_{14}
z_1	a_1	a_1	a_1	a_1	a_1	a_1	a_1	a_1	a_1	a_2	a_2	a_2	a_2	a_2
z_2	a_1	a_1	a_1	a_2	a_2	a_2	a_3	a_3	a_3	a_1	a_1	a_1	a_2	a_2
z_3	a_1	a_2	a_3	a_1	a_2	a_3	a_1	a_2	a_3	a_1	a_2	a_3	a_1	a_2

	d_{15}	d_{16}	d_{17}	d_{18}	d_{19}	d_{20}	d_{21}	d_{22}	d_{23}	d_{24}	d_{25}	d_{26}	d_{27}
z_1	a_2	a_2	a_2	a_2	a_3	a_3	a_3	a_3	a_3	a_3	a_3	a_3	a_3
z_2	a_2	a_3	a_3	a_3	a_1	a_1	a_1	a_2	a_2	a_2	a_3	a_3	a_3
z_3	a_3	a_1	a_2	a_3	a_1	a_2	a_3	a_1	a_2	a_3	a_1	a_2	a_3

と定義し，次に

(ⅱ) $$\min_d E_\theta R(\theta, d) \quad (w(\cdot)\text{による期待値})$$

を実現する d^*

で与えられる．

これがいかにして，統計的検定決定，統計的推定を導くかは，統計学の成書を参照することとしよう．

統計的決定理論のスキームを表3.3の L と F の簡潔な数値例で理解することとしよう．各 θ に対して最適な行動を決めたい（(a) の h を最小にしたい）．しかし，θ は可観測でなく，z を通じてしか推量しえない（(b) は θ ごとの z の出方の確率）．よって z をみて θ を選択するが，その選択法は (c) の 27 通りある．そのどれが最適か．

解：$w(\theta_1)=2/3$, $w(\theta_2)=1/3$ ならば d_6, $w(\theta_1)=1/3$, $w(\theta_2)=2/3$ ならば d_9 が最適な d^* となる．すなわち，z_1, z_2, z_3 に対し a_1, a_3, a_3 をとる．

この問題を解くことが，どうして統計的問題になるのかはあるいは直接わからないかもしれないが，それを手早く知りたければ次の3.3.3項を参照しよう．

この最適統計的決定関数は「ベイズ戦略」ともいわれる．それは統計的決定理論には後述するようにゲーム理論の着想があることのほか，(ⅰ), (ⅱ) の

2段の期待値がベイズの定理で一般にまとめられ，事後分布による期待損失を基準とし

$z \in Z$ に対し

$\min_a E_\theta L(\theta, a)$ （z を得て θ の事後分布での期待値）

を実現する a^* を対応させる統計的決定関数 $a^* = d(z)$

と同値であるからである．Wald 自身は「ベイジアン」（ベイズ統計学を受け入れる）ではないとされるが，そのよき理解者であり，フィッシャー-ネイマン-E. ピアソン理論（通常の統計学）をベイズ統計学と併せて統御する役割を果たした．すなわち，統計的決定理論は，ネイマン・ピアソン理論，ベイズ理論という2頭立て馬車の御者役なのである．

Wald が成功した秘訣は，当時，興隆しつつあったゲーム理論を積極的に統計学に取り入れたことである．すなわち，統計理論は，'自然 vs 統計家' のゼロ和2人ゲームであり，自然は θ を，統計家は a（ないしは d）を戦略とし，ペイオフ行列は θ からみて $L(\theta, a)$ である．最適統計的関数は統計家の最適戦略に相当する．ゲーム理論における von Neumann の考え方によれば，まず考慮すべきは「ミニマクス原理」であった．統計的決定理論においても

$$\min_d \max_\theta R(\theta, d)$$

が考えられる．これが統計的決定理論における「ミニマクス戦略」である．ちなみに，上記例では d_9 がベイズ戦略による統計的判別関数である．

3.3.3 ベイズ判別分析

従来より統計的判別理論による意思決定は，ベイズ理論の順当な働き場の1つであり，典型的な意思決定問題の成功例として教育的価値もある．

「判別分析」は「重回帰分析」「主成分分析」「因子分析」「数量化理論」などと並ぶ多変量解析（multivariate analysis）の一方法である．p 個の変量 $(x_1, x_2, \cdots, x_p)$ からなるデータが，考える K 個の部分母集団 $\Pi_1, \Pi_2, \cdots, \Pi_k$ のどれからきたか（どれに属するか）を一意的に判別することを目的としている．考古学資料，解剖学や歯学の資料を連想すればよい．これらの部分母集団はそれぞれ固有の $(x_1, x_2, \cdots, x_p)$ の出方の確率分布 $f_1, f_2, \cdots, f_k$ をもっているので，得

3.3 意思決定理論の枠組

られた $(x_1, x_2, \cdots, x_p)$ のデータと $f_1, f_2, \cdots, f_k$ を数学的につきあわせて最も可能性の高い f (すなわち Π) をサーチすることができる.

多変量解析は相当に多様, 複雑なデータを対象とするため, 方法はかなり操作的で計算一辺倒という印象が強い. 一般的には判別分析も例外ではなく, $(x_1, x_2, \cdots, x_p)$ から計算された総合指標を部分母集団 (しばしば「群」とよぶ) の間で, 大きく値を開かせるという方針をとる. しかし, この基準自体がブラックボックスという難点があり, しかも数学的には固有値問題に帰するため, 理解の道が途切れがちになる. これに対し判別分析のもう1つの方法であるベイズ判別分析は, 統計的決定理論の一応用であり, ストレートに最も可能性の高い群を決定するというわかりやすさがある. 以下, アンダーソン (T. W. Anderson) によるベイズ判別分析を簡略に解説しよう.

いま, Π がもっている確率分布 f はパラメータ θ で識別されているとし, $f_1, f_2, \cdots, f_k$ は $\theta_1, \theta_2, \cdots, \theta_k$ で代表されるとする. 以下データ $(x_1, x_2, \cdots, x_p)$ をベクトル表示で z とすると, z が θ_i から由来したとき, これを 'Π_i からきた' と判別する行動 a_i は正しいが, 'Π_j からきた $(j \neq i)$' と判断する a_j は正しくない. すなわち, 統計的決定理論において

$$\Theta = \{\theta_1, \theta_2, \cdots, \theta_k\}, \quad A = \{a_1, a_2, \cdots, a_k\}$$

として

$$L(\theta_i, a_i) = 0, \quad L(\theta_i, a_j) = 1 \quad (j \neq i)$$

とする. 要するに Π_i からきた z を Π_i に判別するときのみ正しくそれ以外は誤りとして, 正, 誤の損失を 0, 1 で表す.

このようにしておいて, 先に述べたベイズ戦略を事後期待損失最小化の基準で実行すると, z を得たとき事後確率最大の Π_i に判別すればよく, それは

$$w_i f_i(z) = \max_j w_j f_j(z) \quad \text{ならば}, \ \Pi_i \text{に判別}$$

することに帰着する. ここで $w_1, w_2, \cdots, w_k$ は $\theta_1, \theta_2, \cdots, \theta_k$ の事前確率である. この条件は転じて, すべての j に対し

$$\log(w_i f_i / w_j f_j) \geqq 0$$

から

$$\text{すべての } j \text{ に対し}, \ F_{ij} \equiv \log(f_i / f_j) \geqq \log(w_j / w_i)$$

となる. あとは f の具体的な関数形次第である.

例として，フィッシャー（R. A. Fisher）の3種の「アイリス」（あやめ）の判別を考えよう．まず，$\boldsymbol{z}$は4次元で，x_1, x_2, x_3, x_4をまとめて表示すると
$$\boldsymbol{z}=(がく片長，がく片幅，花弁長，花弁幅),$$
可能な部分母集団（群）は，アイリスの3種（$K=3$）で
$$\Pi_1：ヴァージニカ，\Pi_2：ヴェルシカラー，\Pi_3：セトーサ$$
である．fは4次元正規分布$N_4(\mu, \Sigma)$を指定する．ここでμ, Σは平均，共分散行列である．よってθはこの(μ, Σ)の組となるが3通りある．μはすでに取られている元データからそれぞれ推定して各$\theta_1, \theta_2, \theta_3$に当てはめ，$\Sigma$も各群ごとに積和行列を求めそれを加えて（すなわち3群をプールして）求められる[2]．細かい計算は成書を参照することとし，F_{ij}結果のみ示す．

$$F_{12}(x) = -3.2456x_1 - 3.3907x_2 + 7.5530x_3 + 14.6358x_4 - 31.5226$$
$$F_{13}(x) = -11.0759x_1 - 19.9161x_2 + 29.1874x_3 + 38.4608x_4 - 18.0933$$

であり，したがって，事前確率が等確率$w_1=w_2=w_3=1/3$として，x_1, x_2, x_3, x_4に対して

（ⅰ）$F_{12}>0, F_{13}>0$　ならば，Π_1（ヴァージニカ）へ
（ⅱ）$F_{12}<0, F_{23}=F_{13}-F_{12}>0$　ならば，Π_2（ヴェルシカラー）へ
（ⅲ）$F_{13}<0, F_{23}<0$　ならば，Π_3（セトーサ）へ

それぞれ判別する（図3.2）．以上のFは「線形判別関数」（linear discrimi-

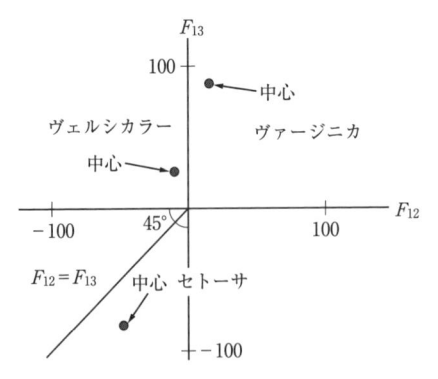

図3.2　アイリス（あやめ）の計量分類

---

[2] データは http://www.qmss.jp/databank/ など参照．

nant function) といわれる.このように統計的決定理論はデータごとにアド・ホックな場当たり的分析を考えることなく,統一的な方法の選択方針を与えるが,ベイズ的視点と組み合わせることで統計分析の正当性を保証する枠組といえよう.

3.3.4 ベイズの定理の地位

これまで,ベイズの定理を処々で用いてきた.しかし,原理的にこれは正しいのだろうか.確率論あるいはベイズ統計学の純粋な演繹体系においては,うまくおさまっているが,現実の意思決定の問題(帰納が含まれる)では,これからはずれる場合は多々みられる.この'はずれ'がどれほどか,また,それをどのように取り扱うかが大きな研究課題となる.実際,はずれが生じるからといってベイズ定理が無効無用になるのではなく,むしろ,この定理からのはずれの距離をはかる距離元標(ゼロ点)を与えるものである.たとえば,Lindley(1971)は,いわゆる3囚人問題(3-prisoner problem)を出すことにより,人間の行う帰納過程が想像以上に多様であることを,具体的に示した.

3人の囚人が幽閉されているとしよう.3人の囚人の名前は,アラン(Alan),バーナード(Bernard),チャールズ(Charles)とする.アランは,翌日3人のうち誰が釈放されるかについてはまったくわからない.このような状況において,アランが看守に対し,「3人のうち2人が処刑されるのは確実である.バーナードとチャールズのうち処刑される者の名前を1人だけ教えてくれても,アランの釈放についてはまったく情報を与えないはずだから,その名前を教えてほしい」といったところ,看守は,アランの言い分を納得し,「バーナードは処刑される」と答えた.アランはこれを聞いて,釈放される可能性があるのは,自分のほかはチャールズのみになったので,自分が釈放される可能性が増えたと喜んだとする.直感的には正しいようにみえるが,この確率評価は根拠があるだろうか.

釈放されるべき人を,頭文字で,A,B,Cとし,またsを「バーナードは処刑される」という言明とすると,状況から,

$$P(s|A)=1/2, \quad P(s|B)=0, \quad P(s|C)=1$$

と仮定される.事前確率は,$P(A)=P(B)=P(C)=1/3$とする.ベイズの定理

からは

$$P(A|s) = \frac{P(A)P(s|A)}{P(A)P(s|A)+P(B)P(s|B)+P(C)P(s|C)}$$
$$= \frac{(1/3)\cdot(1/2)}{(1/3)\cdot(1/2)+(1/3)\cdot 0+(1/3)\cdot 1}$$
$$= \frac{1}{3}$$

ゆえに，$P(A)=(A|s)$ となり，上記の確率評価は根拠がない．

しかし，現実に人がベイズの定理から外れて思考していること自体はその過程をトレースする上で重みをもつ．したがって，根拠がないことをもって，誤りとして議論を終結するべきことではないであろう．このことについてはさまざまなコメントがあるが，本章ではここまでとしよう．

3.4 意思決定結果の安定—ミニマクス定理と鞍点

ルース（D. Luce）とレイファ（H. Raiffa）の名著『ゲームと決定』（games and decision）は効用，確率，意思決定理論，ベイズ理論，ゲーム理論，アローの不可能性定理などの社会選択などすべてを含んだ概説書として今も名を残している．分野ごとに意思決定理論が成立するという今日の状況からは異色である．しかし，「決め方」の数字理論はそれ自体存外に共通なのである．ここでは最大化，最小化が複数主体の「ゲーム」でどう展開するかみてゆこう．

ゲーム理論の基礎的考え方は，2人ゼロ和ゲームに表れる．そこで，プレーヤーがⅠ，Ⅱの2人，戦略の組み合わせ (α_i, β_j) ——単に (i, j) と表す——に対し，Ⅰ，Ⅱの利得 a_{ij}, b_{ij} が

$$a_{ij}+b_{ij}=0 \text{（または定数 }C\text{）}$$

表3.4 利得行列

Ⅰ＼Ⅱ	β_1	β_2	β_3	min
α_1	3	0	-2	-2
α_2	2	-3	0	-3
α_3	2	2	1	1
max	3	2	1	

max, min はそれぞれⅠの利得を表し，Ⅱの利得はこの負数．

となる場合が，2人ゼロ和（あるいは定数和）ゲームである．したがって，利得はすべて a と $-a$（a は正，0，負）の形を取り，各プレーヤーは相手とは常に反対利害を有する．2人のプレーヤーの間にはまったく協力の余地がない．

表3.4は2人ゼロ和ゲームのⅠの利得 $\{a_{ij}\}$ の一例を示す．よってⅡの利得は $\{-a_{ij}\}$ であり，結局ⅡがⅠへ a_{ij} 分支払うと考えてもよい．Ⅰ，Ⅱは互いに手を相手に知らせない．先手，後手の区別はなく同時に手をとる，というのも同じである．この条件でⅠは a_{ij} の最大化，Ⅱは最小化を追求する．相手の手がわかれば最適の手を決定する問題は自明だが，そうでない状況ではお互いに自分の手の決定は相手の手に依存し，一見かなり難しい不確実な局面となる．

しかし，ゼロ和は共通知識であるから，相手は敵対者で各手に対する3通りの結果のうち最悪が起こるという想定は少なくともさしあたりは合理的である．そこで次の基準を用意する．完全な不確実性のもとでは，諸代替案（選択肢）につき，マクスミン基準，ミニマクス基準を想定し，

a) ありうる最小利益（ミニマム）を想定しそれが最大（マキシマム）となる案を選ぶべきであり，また

b) ありうる最大損失（マキシマム）を想定しそれが最小（ミニマム）となる案を選ぶべきである．

表3.4の例では，プレーヤーⅠはマクスミン基準で，$\alpha_1, \alpha_2, \alpha_3$ を $-2, -3, 1$ と評価して α_3 を選択し，Ⅱはミニマクス基準から β_3 を選択し，(α_3, β_3) が最適戦略の対となる．両者の発想は符号を除けば実質同一で，まとめて「ミニマクス原理」といわれるが，総じて安全主義，保守的な行動規範といえよう．

総括して

$\max_i \min_j a_{ij} = 1$（マクスミン値），$\min_j \max_i a_{ij} = 1$（ミニマクス値）

Ⅰのマクスミン戦略：α_3，Ⅱのミニマクス戦略：β_3

結果：(α_3, β_3)，

利得：$a_{33} = 1$

となる．ここで，3者の相等

$$\text{マクスミン値} = \text{ミニマクス値} = a_{33} \ (=1)$$

の成立に注意する．互いに狙ったものが共通の一点でともに成り立つ．この値を「ゲームの値」という．

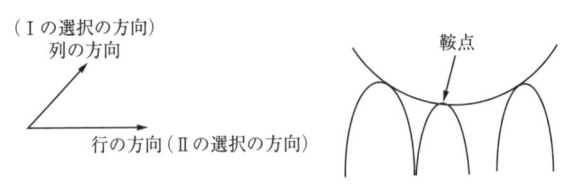

図3.3 鞍点：最大と最小が同居するケースで，峠に相当する

IがβをとるもとでαЗは最適，IIがαЗをとるもとでβЗは最適であるから，戦略対 (α_3, β_3) は互いに相手に対し最適な戦略からできている．(α_3, β_3) を達成した両プレーヤーは自分からここから離れる動機（インセンティブ）を有しない．これを均衡対（equilibrium pair）という．(α_i, β_j) が均衡対となる条件は

$$\text{すべての } k \text{ に対し} \quad a_{ij} \leq a_{ik} \quad (\text{第 } i \text{ 行の最小}) \tag{1.2}$$

$$\text{すべての } k \text{ に対し} \quad a_{ij} \geq a_{jk} \quad (\text{第 } j \text{ 行の最大}) \tag{1.2'}$$

となることである．幾何学的にいうと，図のごとく東西方向で最低，南北方向で最高の点で，地形上の峠に相当し馬の鞍（くら）と類似するので「鞍点」(saddle point) といわれる．

このように，ミニマクス戦略，マクスミン戦略は均衡対をもたらす有力な原理だが，万能ではない．これらの戦略があっても均衡対がないこともある．さて，表3.5をみてほしい．表は一見単純にみえて，Iはマクスミン値から α_2 を，IIはミニマクス値から β_1 を意思決定として採用するかもしれない．しかし (α_2, β_1) は決して均衡対になっておらず，この意思決定は最終的とはならない．では最終的に均衡する戦略はどう決められるか．それは「混合戦略」によるが，これについては文献にゆずる．

n 人ゲーム ($n \geq 3$) においては，全プレーヤーについて自分以外のプレーヤーの戦略に対して最適戦略が各自によってすでにとられている状態，すなわち「各自が一方的に戦略を変更しても自分の利得がもはや増加しない状態」，さら

表3.5 均衡対のない2人ゼロ和ゲーム

I \ II	β_1	β_2
α_1	8	0
α_2	6	9

にいいかえれば,「自ら戦略を変更するインセンティブがないことが全プレーヤーについていえるような状態」が「均衡」である.しかし,もはやマクスミン,ミニマクスの考え方は効かず,また「鞍点」の一般化も難しい.そこで,この意味での均衡を定義としてだけ採用し,これを提唱者ナッシュ(J. Nash)に従って「ナッシュ均衡点」という.

　ナッシュ均衡点を求めることは,今日,ゲームを「解く」ことの目的の1つと広く考えられ,断りない限り均衡はナッシュ均衡点を指す.しかしながら,なぜ,どのようにしてこのナッシュ均衡点に導かれるかの論理がないので,不適切なナッシュ均衡点の可能性があり,実際それは起こる.「サブゲーム完全均衡」はそれへの対応などであり,以後数々のナッシュ均衡の'純化'が提唱された.その努力もほぼ一巡した感があり,協力ゲームにおける意思決定への回帰がみられるというのが,ゲーム理論の近況である.詳しくは最近の文献を参照されたい.

文　　献 (刊行順)

Friedaman, M. & Savage, L. J. (1948). 'Utility analysis of choices involving risk' with Leonard Savage. *Journal of Political Economy*, 56(4), 279-304.
Wald, A. (1950/1956). *Statistical Decision Functions*. John-Wiley.
Blackwell, D. & Girshick, M. A. (1954). *Theory of Games and Statistical Decisions*. John-Wiley.
Luce, D. & Raiffa, H. (1957). *Games and Decisions*. John-Wiley.
Ferguson, T. S. (1960). *Mathematical Statistics : A Decision-Theoretic Approach*. Academic Press.
DeGroot, M. H. (1970). *Optimal Statistical Decisions*. Wiley Interscience.
美添泰人 (1983). ベイズの手法による統計分析. 竹内 啓 (編) (1983). 計量経済学の新展開. 東京大学出版会.
松原 望・林 知己夫 (編) (1985). 現代人の統計4 新版 意思決定の基礎. 朝倉書店.
繁桝算男 (1985). ベイズ統計入門. 東京大学出版会.
竹村彰通 (1991). 現代数理統計学. 創文社.
松原 望 (1992). 統計的決定. 大蔵省印刷局.
渡部 洋 (1999). ベイズ統計学入門. 福村出版.
松原 望 (2001). 意思決定の基礎. 朝倉書店.
松原 望 (2008). 入門 ベイズ統計学. 東京図書.
松原 望 (2010). 図解入門 よくわかる最新ベイズ統計の基本と仕組み. 秀和システム.
松原 望 (2011). ベルヌーイ家の人々. 技術評論社.
松原 望・小島寛之 (2011). 戦略とゲームの論理. 東京図書.
松原 望 (近刊). 確率過程超入門. 東京図書.
松原望の総合案内サイト　http://www.qmss.jp/portal/

Part II
テストと調査

　第II部では，「テスト」と「調査」について語る．

　第4章において池田央によって解説される「テスト」は「テスト研究」を意味するもので，行動計量学にとって，人間の行動を測定し，評価するための主要テーマであり，統計的手法が広く用いられる．現在実用化されている「テスト研究」の支柱となるテスト理論は，池田によれば，1950年代以前に確立された信頼性，妥当性を基盤にする古典的テスト理論と，項目の困難度，識別度を基盤にする項目反応理論をその背景とする現代テスト理論に分かれる（池田央（1994）．現代テスト理論．朝倉書店．）．これらの2つの理論の特徴を概観し，その学問の発達を歴史的にたどりながら，その発展に行動計量学の諸方法がいかに役に立ってきたかについて展望する．合わせて，今までこの分野にかかわりがなかった方も興味をもっていただき，この分野へも研究領域を広げていただけることを期待する．

　行動計量学にとって如何に正しいデータを獲得し，その結果を解析し有益な結果を得るか，そのための正しいデータを獲得するために「調査」が重要であることはいうまでもない．第5章では戦後に日本で大きく発展した，「調査」のうち「社会調査」について，その歴史的変遷を概観し，戦後から60数年を経過した今日における社会的変革をふまえ，今後，如何に正しいデータを獲得するための調査を実行していくか，そのための基本的な考え方を学ぶことを目的としている．筆者の髙倉節子は，戦後から現在に至るまで，日本人の読み書き能力調査をはじめ，国民性調査，選挙調査など，各種社会調査，世論調査を，林知己夫，野元菊雄，杉山明子らと共同して行ってきている．いわば，調査のベテランで，調査学の権威である．　　　　　　　　［森本栄一・柳井晴夫］

4

テスト学とテスト法の発展

4.1 テスト学・テスト法の位置づけ

4.1.1 テスト研究と教育学・心理学

　テスト研究にかかわりをもつ人たちはきわめて多い．学校で使われる学力テストを例に考えても，テストの問題をつくる人はそれぞれの教科の専門家（SME；subject matter experts とよばれる）があたる．とくにそれが，入学試験や資格認定試験の場合，問題作成者が受験者に与える影響は大きく，作成者の責任は重い．

　人の性格や特性を査定し，判断に供するための心理テストも数多くの種類が開発されている．学校，病院，児童相談所あるいは職業適性相談所，場合によっては家庭裁判所など，臨床診断や処遇の判断材料としてテストが使われる．そして，その実施，運営には，臨床心理学を含む多くの心理学者や精神科医もテストの専門家としてかかわっている．

　学力テストの成績，とくに集積されたテスト結果を用いての判断をめぐっては，学力論争の焦点ともなり，教育政策の是非や学校制度にかかわる問題，受験者層の格差をめぐる問題など，社会的な議論へ発展することもある．それには教育学，社会学，とくに教育社会学や教育行政学の分野に携わる人がテーマの担い手となる．こうした人々もやはりテストの専門家として社会的に認知されているといってよいであろう．

　上にあげられたテストの専門家（とくに SME）の役割が大事なことは言をまたない．しかし，テストがもつ働きを考えるとき，欠かせない分野がある．

それがここでいうテスト学およびテストの技術である．テストが扱うのは点数で示される数値による判断であり，その数値が如何なる過程で出され，その結果がどういう性質や意味をもつかを抜きにしては正しい判断や解釈は難しい．それを無視すると，知らず知らずのうちに誤った結論をくだすこともある．普段出されたテスト結果について疑問をもち，不満を述べる人はいても，それを正面から取り上げ，科学的な研究対象にしようとする人は少ないのではあるまいか．

4.1.2 テスト研究と行動計量学

本シリーズのテーマである「行動計量学（behaviormetrics）」はどういう学問か，これもまた，やや聞き慣れない言葉としてわかりにくい人が多いに違いない．それについての説明は本書まえがきでなされているので，ここでは詳しい説明は省略するが，その構成メンバーをみてわかるとおり，社会-人文-自然科学のあらゆる分野にまたがっているといってよく，きわめて学際的な色彩の濃い学問である．

そこでのキーワードは行動（behavior）と計量または測定（metrics）の2つである．人の行動を測定し評価するためのテスト学は行動計量学の主要な1テーマであり統計的手法が広く使われる．ここで扱うテストの問題はもともと計量心理学あるいは教育測定学とよばれる分野で発達してきたものだが（これらについては Rao & Sinharay, 2007；Brennan, 2006 に詳しい），それはいまやデータの科学として，統計科学，情報通信科学などと協力し，新しいイノベーションに向かって進んでいる．

扱いたい話題は多いが，限られた紙数の中で，それらをどう扱うのがよいか迷う．一方，日本でテストは広く使われているが，実際の使われ方は，古くからの方法がいわば慣習としてそのまま踏襲され，使い続けられていることも事実である．急にそれらを改めるのは難しいが，すでに世界の先進国では新しい革新的方法による考え方が各所で実用化され実施されている．そこで，いままでのテスト法で何が問題であったのか，またそれを克服するためにどんな方法が考えられ開発されてきたか，発達の歴史をたどりながら，ここでは従来からのテスト法に慣れている人たちと新しいテスト学からの取り組みを考えている

人たちとのつなぎ役になることを考えた．そして行動計量学の諸方法がその解決にいかに生かされ役立てられるか，今まで関心をもってこなかった方々に興味をもってもらい，新たにこの研究領域に加わっていただくことを念頭に置きながら書いてみることにした．

4.2 評価という名の尺度

4.2.1 段位・等級制にみる尺度

人を何らかの形で評価すること自体は，人類の歴史で古くからみられる行為である．それは古くは聖書の記述の中にもみられているし（Ebel, 1972），中国の科挙制度も大規模な試験制度として長く続いた（宮崎, 1963）．わが国でも幕府の学問所「昌平黌」では定期試験の仕組みを導入しているし(1787年)，大分県日田で開かれた廣瀬淡窓の漢学塾「咸宜園」では，「月旦評」という無級からはじまり，塾生を学習進度に応じて九級下から一級上に至る19段階にも及ぶ等級づけが行われた(1839年)（海原, 2008）．学習内容は異なるが福沢諭吉もいた有名な緒方洪庵の「適塾」にも同様の競争試験はあった（天野, 1983）．

人材登用を目的とする科挙の場合は別として，こうした段位とか等級という評価形式は，主として名誉を目的とするものであったが，級・序列という競争システムを入れることで学習を促進させる効果があった．明治以後の学校制度になると，教師が生徒の成績を甲乙丙丁とか優良可不可といった形で段階評価をしている．表現はともかく，それは生徒を単に分類区別するだけでなく，順位尺度（ordinal scale）の形をとっている．そのような尺度は最初から存在するものでなく，人によって定義され，人為的につくられるものである．それは単に筆記試験による知識や技能のテストだけでなく，日頃の授業態度や勉強ぶりも考慮に入れた教師自身の判断による「行動評価」となっている．それは後でふれる包括的評価様式をとっているといってよいだろう．

そのような等級づけは学級の中だけでなく，囲碁将棋あるいは柔道・剣道・空手道といった武道，さらには茶道・華道といったものにも形を変えて広く存在している．それが大規模になると，第何級と試験の成績（点数）をもとにし

て決まるさまざまな検定試験制度に発展変異していく．それは日本特有の1つの文化を築いているといってもよいだろう．

こうした級による試験制度が抱えるいくつかの問題を整理してみると，

(1) 上の級と下の級の連続性はどうなのか．仮に同時に試験を行ったとき，上級のテストに合格しても，下級のテストで不合格になる人はいないのか．級の段階数が多くなるとそのような逆転ケースは増える．逆に離れていると級間に空白が増える．

(2) 級や段位取得の公平性はどうなのか．スポーツや芸術（音楽，美術など）の世界では競技者（演技者），審判（審査員），監督（指揮者），そして観客などの役割が分かれ，評価もフェアなものとなっている．審判は競技者とは独立した第3者であり，複数で評価することもある．チームの監督が自分でチームの審査をするわけではない．また競技や作品は観客の眼にふれ，間接的に審査の公平さがそこでもチェックされている．それに対し，教師がクラスの生徒を評価するのは，監督が選手を評価するのと同じで，外部に出したとき他選手との公平性はどう保たれるのであろうか．

(3) 取得した級あるいは段位の有効性はどうなのか．一度取得した名称や資格は一生有効というのが多いがそれでよいか．とくに進歩と変化が激しく危険も伴う専門技術職では，常に現在の力を保証するものでなくてはならない．更新制も問われるであろう．その場合，級や段位の名称は単なる名誉称号であってはならないのである．

今の検定試験制度の中には，こうした問題を内在的に抱えたまま，続けられているものも多い．

4.2.2 点数制にみる尺度

受験者の多い大規模な入学・入社試験になると，目盛りの粗い大まかな段階づけだけでは合否の境界は決めにくく，テストの点数で段階が細かく設定される．人の評定で段階づけられるのは，せいぜい1桁止まりで，それ以上はいくつか複数の問題の点数を合計して総合点として尺度値が決められる．受験者数が多いと，1点の違いによる合否でその後の受験者の一生が大きく影響されることにもなる（そのようなテストをハイ・ステークス・テストという）．生徒

をよく知る担任教師が教室で普段の学習状態をみながらテストの成績を読み取り，総合的な判断でテスト結果を解釈するのと違って，公平性を期すため，受験者の名前を一切伏せながら解答だけの情報をもとに採点するという，まったく逆の状況が生まれる．そこでの点数は，テストで使用されるさまざまな約束や仕組みによって決まり，後の結果を左右することになる．テストの科学的研究の必要性がそこにある．

メートル，キログラム，秒といった長さ，質量，時間を測る基本単位（SI国際単位系）は，万国共通の普遍性を保つことで，さまざまある尺度の混乱を防ぎ，自然科学の発展，そして日常生活の便宜さに大きく貢献した．ほかの単位として，日本では尺貫法，アメリカではヤード-ポンド法も使われるが，計算の煩わしさは残るものの適宜換算公式を使って，1つの尺度値を他の尺度値に変換し，互いに比較することができる．

しかし，人間の精神活動を知ることはそう簡単ではない．テストは検査ともいわれる．例えがよくないかもしれないが，食品検査であれば，ロットの中の食品からいくつか見本（テスト問題）を取り出し，検査して全体の様子を知ることに似ている．合格かどうかの判定は人が味見して決めるか機器で計測することになる．テストでいえば採点者が記述答案を評定するか，機械が客観テストのマークを採点することにあたるであろう．そこでの合格数（正答数）は，たまたま検査で抽出された見本（使用問題）により変わる．したがって合格数がいつも同じになるとは限らない．こちらが知りたいのはロット全体の中で何割合格するものが含まれるか（真値 T）だが，それは全部調べない限りわからないので見本の中にみられる正答数（観測値 X）を代わりに使う．それは真値ではなく，それとの差，つまり誤差 E を伴う．こうして観測値 X を真値 T と誤差 $E(=X-T)$ に分け，古典的テストモデルが形成される．観測値ができるだけ真値に近く，言い換えれば誤差が小さくなることが望ましいが，受験者全体として真値の分散が観測値の分散の何割くらいを占めるか評価して，そのテストの信頼性係数が定義される．1に近いほどよいわけだが，それには問題数を増やして，多くの見本をとれば，信頼性係数も上がることになる．

4.3 古典的テストにおける尺度

こうして数値化されるテストには，大きく2つのタイプが考えられる．記述式（論述式ともいう）テストのように正誤の判断を第3者（通常は教師）が評定して決めるものと，客観式テストのように中間に評定者を介せず，刺激となるテスト問題とそれに対する解答者の反応で直接正誤を決めるものである．それぞれの特徴を考えてみよう．

4.3.1 記述式テストによる尺度

記述式テストでは，採点者が入ることで，観測されるテスト得点には真値のほかに，採点者の評定要素が加わり，それがテスト得点の信頼性を下げるとして問題視されてきた．

とはいえ，その問題形式にも，① 正誤が比較的はっきり決められる短答式，② 1問が比較的短い文章で答えられる小問の集まりから構成される多数小問式，そして，③ 発想力や問題解決力，文章構築力などをみる目的で，論述試験のように長い文章で答える少数大問式が考えられる．評定者の影響は後になるほど強くなると考えられるが，実際は満点が100になるように各問題への配点を決め，それぞれの解答一つ一つに評定点をつけ，それを合計してテストの点数を決めるというのが普通のやり方である．

論述試験は1人あるいは複数の評定者で答案を読み点数化する．それには，答案全体を読みまとめていくつかの段階に評定する包括式評定（holistic rating）と，細かく視点を分けてそれぞれについて評定したものを合計する分析的評定（analytic rating）がある．

人の判断で差をつけられるのは1桁程度（たとえばA^+, A, A^-, B^+, B, B^-, C^+, C, C^- の9段階など）と考えられ，細かく分けて100点満点方式にしたとしても，実際は，細かい数値までは区別しにくい．上下の両極端は比較的容易でも中間部を細かく分けるのが難しい．しかし受験者が多くなると中間部も識別できるように細かい手立てが必要となる．そのため複数の評定者を用意したり，視点を多くして分析的評定を取り入れる必要が生ずる．費用や労力，採点時間

を考えると，こうした手作業を必要とする記述式テストは大量受験者の場合避けられるのが現状である．このようにテストの点数化は，きわめて技術的な作業で，理想はともかく，実際の手続き問題で左右されることの方が大きい．

　また，採点労力の問題もさることながら，記述式テストの最大の難点は，第3者の評定が入ることによって，受験者能力の大小と評定者の個人差とが交絡し，テストの信頼性が損なわれることである．これらの扱いについては4.4.4項でまたふれることにしよう．

　このように，採点者の主観的判断に基づく記述式テストの採点は，小グループ内部での評定は可能としても，その枠を越える大規模テストで，対外比較にも耐える客観的数値にはなりにくい．つけられるのはそれぞれの判定グループ内だけの順位尺度で，そのまま異なった教科間や異なったグループ間での数値比較は難しく，尺度としての制約も多い．

　ただ，一方でメリットもある．10点満点あるいは100点満点で表される評定値は，鈍感であるものの大きな危険性もなく，無難な尺度として，広く利用されているのではあるまいか．たとえば，80以上なら優，70以上80未満なら良，60以上70未満なら可，60未満は不可といった暗黙の了解があって，実際の答案のできというよりは，受験者全体をみながら按配するといった傾向が生まれる．それにより上限値（100点）と下限値（不可を避けたいとして事実上は60点）も抑えられていて，異常値（outlier）の発生を防ぎ，極端な分布形も防げるといった安全性が保たれる．正誤のはっきり決まる客観式テストで60点以下を不可とすれば大量の不合格者が生まれるであろうし，問題のつくり方で分布の形も一定しないであろう．

4.3.2　客観式テストによる尺度

　選択式客観テストはこうした採点者の恣意性を抑え，誰が採点しても出される点数は同じにできる．他の条件を一定に保つことで，テストで得られる点数の違いを受験者の違いだけにすることができる．そのためテストを行うときには，受験者は同一場所に集まり，同一の開始・終了時間，同一テスト問題による一斉実施という現在の試験形態が定着していった．その条件を保つために，試験実施者は異常なまでに神経を張り詰めて，同一状態でテストが行われるよ

うに気を使う．それが公平であると考えられているわけである．テストは決して自然状態での行動観察ではなく，自然科学における実験と同じく，きわめて管理制御された人工的環境下で得られるデータになっている．

先にふれたように，テストによる検査問題は多くの問題群の中からとられた1サンプルセットだと考えるなら，そのサンプルは偏りなく広範囲の問題母集団から選ばれることが望ましい．少数問題でこれが学力だと決めるのは大変危険である．問題数を多くすることで，テストの信頼性を高めることができることはよく知られている（スピアマン-ブラウンの公式）．多肢選択式客観テストは限られた時間内で，無駄を少なくし，効率よく広い範囲から多くの情報を集められる方法として普及していった．

しかしそれとは逆に，問題数の少ない多肢選択式テストは情報が少なく，信頼性も低くなるので注意が必要である．とくに複数の下位テストで構成される診断用テストバッテリーは下位尺度間のプロフィール比較をするわけだが，下位尺度が少数項目であるとき，各下位尺度の信頼性が低く，プロフィール間の実質的な差と誤差とが区別しにくいので注意が肝要である．また下位テストの問題項目数のアンバランスにも注意しなければならない（AERA, APA & NCME, 1999；日本テスト学会, 2007）．

4.3.3 相対評価と偏差値の限界

こうして一見公平な客観テストデータが得られるようになったが，ひとたびそうした同一条件下でのテストの枠を越え，異なる受験者集団や異なる教科・試験問題で出されたいろいろなテストの数値を比較しなければならないとき，問題はまだ多く残されている．たとえば，難しい数学問題で70点をとった人と，やさしい国語問題で80点をとった人とでは，両差の間でどちらの人が本当に力があると考えたらよいのだろうか．また総合学力をみるとしてそれを単純に合計してもよいのだろうか．そうした条件を無視して，点数だけでものごとを決めるとさまざまな矛盾や不公平が生まれる．

比較の土俵をそろえるために，まず比較するテスト得点（素点とよばれる）の間で平均を揃え，次に単位となる尺度の広がり（標準偏差）を同一に揃えることで，少なくとも同じ受験者集団内で，異なったテストどうしを比較できる

ようにする．こうして修正された得点を標準得点（standard score）または z-スコア（＝(素点−平均)/標準偏差）とよぶ．ただ，このままでは負の点や小数の数値が多く出て扱いにくいので，平均が50，標準偏差が10になるように換算された数値がよく使われる．いわゆる偏差値とよばれるものである．

　偏差値は日本で戦後急速に広まったが，こうした考えは1920年代に生まれ，日本でも研究者の間では戦前から心理検査の標準化などで使われていた．ただ，上にあげた偏差値は素点を線形変換しただけであるから，分布の形は素点の分布と相似であり，偏差値の信頼性係数は変わらないことにも注意しなければならない．

　独立する微小誤差の集まりがガウス（C. F. Gauss）の誤差法則によって正規分布に近づくことは古くから知られていた．人間の身長をはじめ，多くの人の計測値を集めて統計をとるとそのような分布形になるものが多いことも知られていた．したがって多くの問題からなり，よくつくられたテストの得点は，正規分布の形をとるのが自然ではないかと思われた（そのようなことはないのだが）．実際に得られるテスト得点（この場合は素点）は平均値や標準偏差がテストによって違い，分布の形も違ってくるが，テスト得点が示すのは，順位に対応すると考えれば，下からの順位が何％（パーセンタイル順位とよばれる）になるかを正規分布の累積比率に対応して尺度値を決めれば，平均および標準偏差だけでなく，分布型も指定の正規分布になるように尺度値を決めることができる．こうして平均0，標準偏差1の標準正規偏差値あるいは平均50，標準偏差10になるように正規化された偏差値（T-尺度）がつくられるようになった．そうすれば素点の分布が正規分布をしていなくても，それを正規偏差値表示に換算することができる．ただその値は素点とは非線形に対応し，そのための換算表を用意する必要がある．とくにいくつかの下位検査からなる標準テストでは，下位検査の尺度値間を比較する必要があるので，T-尺度をつくることは好都合であった．

　正規偏差値の利点は，尺度の目盛り幅をそろえるだけでなく，その値だけで集団内での得点順位がおよそ見当づけられることである．正規偏差値60といえば，上位から約16％，もし1000人の受験者がいれば，順位はおよそ160番前後であろうと推測がつく．これは受験者にとって大きな情報となる．

クラスの成績づけに以前，1, 2, 3, 4, 5 の 5 段階評定値とよばれるものが使われた．成績の配分を自由に任せれば，5 につける人は増えて，1 につける人は少なくなるだろう．その規準は評定者によって違い，5 という数値の意味も一義的でなくなる．そこで 5 段階評定値 5, 4, 3, 2, 1 の配分人数をそれぞれ，7 %, 24 %, 38 %, 24 %, 7 %, の割合になるようにすると，その境目に当たる境界値が，ちょうど標準正規分布の $-1.5, -0.5, 0.5, 1.5$（偏差値で 35, 45, 55, 65）にあたるところになる．しかし，クラスによって優秀な子が集まっているところもあればそうでないところもあるのに，その違いを無視し，評定値の配分を機械的に行うのはどうかということもあり，いまは義務づけられていない．

4.3.4 到達度評価（絶対尺度）の難しさ

ここまでの議論で尺度値が目指したのは，公平性を担保とする比較可能な測定値を得ることであった．ただ，偏差値は同一受験者群に対して行われた同一条件下での相対的位置関係を示すもので，それを越えて一般化することは難しい．たとえば学年を超えて，3 年次の偏差値と 4 年次の偏差値と比べても，その間における個人の成長発達の度合いを知ることはできない．また，あるグループの中で受けたテストの偏差値とレベルの違う別のグループの中で受けたテストの偏差値をそのまま比較することもできない．つまり偏差値は時と場を越えての比較まではできない．こうした問に答えるには相対評価の枠を超えた次なるステップを必要とする．

あるグループを規準とし，それと対比させる形で測定値の尺度化を測るテストは集団規準準拠テスト（NRT；norm-referenced tests）簡単に集団準拠テストという．そのとき規準にとられた集団が規準集団（norm group）である．これに対し目標基準準拠テスト（CRT；criterion-referenced tests），簡単に目標準拠テストとよばれるものは，学習目標として到達すべき具体的目標を掲げ，テストでそのうちどれだけ正答できたか，その割合を到達度として考えるテストで，1970 年頃から話題になるようになった（わが国では絶対評価という表現が多く用いられるが，絶対尺度と誤解されやすいので避けたい）．NRT が学習後の総括的評価（summative evaluation）として使われるのが多

いのに対し，CRT は学習の経過をたどりつつ，こまめに目標を定め，そこまで到達したら次に進むという形成的評価（formative evaluation）の手法として開発されてきた（Scriven, 1967；Bloom *et al.*, 1971）．それはコンピュータによる支援学習（CAL；computer-aided learning）の盛んになったころから注目されるようになった考え方である．

しかし実際は，如何にして目標を設定するか，授業カリキュラムに基づくとしても，その到達度分割点をどこに設定するか，技術的方法がわかりにくい．具体的なテスト問題の難易度や識別力は，内容だけによるのではなく，選択肢のつくり方や文章表現にも依存して，どれを適切な目標基準項目として採用するか決定は難しい．それには問題項目の難度に依存しないで，個人の能力値が決められる項目反応理論（IRT；item response theory）の発展に期待するところが大きい（4.4.2 項）．

最近では学習内容をもとに到達度の分割点レベルを決める標準（または規準）設定という意味で標準（規準）に基づくアセスメント（SBA；standard-based assessment）という表現が多く使われるようになった（たとえば Cizek, 2001）．

4.4 テスト法の技術革新

4.4.1 多数テストの同時分析

20 世紀後半はコンピュータの進歩によって，データ処理技術が飛躍的に向上し，多くのデータを同時に分析することが可能になった．また光学式マーク読取装置（OMR；optical mark reader）の普及で，大量の受験者解答を集めこれを採点することで，個人のテスト得点の変換はもとより，各種テスト間の分散・共分散あるいは相関係数も難なく出されるようになった．

こうして，20 世紀はじめの手集計による数個のテスト間相関係数の計算から出発したスピアマン（C. Spearman）の 2 因子論(1904 年)，サーストン（L. L. Thurstone）の多重因子論(1935 年)や基本精神能力因子の抽出(1938 年)を経て，1960 年代からは因子分析研究全盛の時代を迎える．オスグッド（C. E. Osgood）たちの評価・力量・活動因子を中心とする意味微分法（SD 法；semantic differentials）(1957 年)，キャッテル（R. B. Cattell）の 16 性格因子

質問表（16PF）（1957年），ギルフォード（J. P. Guilford）の操作(5)×内容(4)×所産(6)の120因子からなる3相知能因子構造モデル(1967年)など，いずれもコンピュータを利用した成果として現れた．こうして過去50年にわたる探索的因子分析（EFA；exploratory factor analysis）研究の集大成として，認知能力領域ではキャッテル-ホーン-キャロル（CHC）モデル（Carroll, 1993），また性格研究ではOCEANで代表される5因子（Big Five）モデル（McCrae & Costa, 1996）などが生まれてきている．

人の能力や特性についての基本的潜在因子を探して出発した因子分析の研究開発は，隠れた潜在因子を探索し，少数の基本概念（因子）へ縮約するという初期の方向とは別の，そして適用範囲のより広い方向に向けて進んでいった．ヨレスコグ（K. G. Jöreskog）をはじめとする確認的因子分析（CFA；confirmatory factor analysis）は，古典的テスト理論のみならず，回帰分析，パス解析などを囲み込みながら仮定された潜在変数を介して，観測データの説明を試みる構造方程式モデリング（SEM；structural equation modeling）あるいは共分散構造分析（CSA；covariance structure analysis）という仮説確認型の研究方向を生み出した．その応用範囲は広く，単に心理学のみならずほかの社会学，医学，工学など，あらゆる分野で応用可能なため，行動計量学の格好な研究分野として多くの研究を生み出している（豊田，1998a, b, 2000, 2002c, 2003a, b, 2007など参照のこと）．

こうしてテストに限らずデータを扱う方法論は多次元尺度構成法や数量化理論などを含むカテゴリカルデータの多変量解析など，ここでは説明しきれないほどのさまざまな分野で発展しつつある（柳井他, 2002）．それはすべて行動計量学の研究範囲でもあり，その様子の一部はこのシリーズの他書で明らかにされるであろう．

4.4.2 項目反応理論の進歩

教育テストの分野に限れば，それまでのテストデータはマークシートから，OMRで正答マークを読み取り，それにせいぜい重みをつけて合計した得点をもとに，以後の分析を行うものであった．能力の測定とはほとんどがそうした合計点から得られる点数をその出発点とするものであった．それはそうせざる

をえなかった手採点時代の名残ともいえる．

　たまたま同じ得点でも答えた人の解答パタンはさまざまである．3問あれば可能な解答パタンは8通り，4問ならば16通り，10問あれば理論的には1024通りだし，20問もあればそれは100万通りを越える（実際にすべてのパタンが出現するわけではなく，そこから特徴をつかみ出すことが大事）．そうした豊富な情報を無視して単純に正答数だけを数えるのでよいのだろうか．正誤だけでなく複数の選択肢がある問題ならば，さらに情報量は増え，多様な解析ができる．こうして少なくとも原理的には古くからその可能性が考えられていたが，コンピュータの発達により現実にそれが可能な時代となった．

　個別式知能検査の開発者として知られるビネー（A. Binet）の精神年齢（MA；mental age）の考え方には，現在の心理尺度の構成につながる原点となるような考えが含まれている．知的能力（いまの言葉でいえば認知能力）は年齢とともに発達する．しかしそれは人によって一様ではない．同じ年齢でも，早く伸びる子もいればそうでない子もいる．そうした個人差は，適切な方法によって発見し，それに適した指導や教育を施すことが望ましい．そのため彼は日常生活で使われるさまざまな場面から具体的な問題を慎重に選び，それを幼児から児童にいたる各年代の子供たちに試みた．図4.1の折れ線グラフは1911年版をもとに解説用に用意したものであるが，3つの問について，各年齢の子の何％が正解するかを示したものである（Rogers, 1995）．そして約75％の正解率（印）まで到達した問題の相当年齢をその子の精神年齢とした（問1, 2, 3はそれぞれ，5歳半，8歳，12歳半見当）．

　ビネー式テストでは，出題される問題は固定され，検査のたびに変わることはない（つまり何度も繰り返し使う．したがって問題内容は非公開）．用意された問題はやさしいものから順に年齢に沿って配置されており，続けて3題正解できるようなやさしい問題から出発し，また続けて3題できない問題はそれ以上の難しい問題はできないものとして，テストを終える．

　これは能力水準を精神年齢という等間隔に刻まれた尺度に置き換えた点で，すばらしい方法である．図4.1の滑らかな曲線はそれに上手く当てはまるように計算して筆者が書き入れたロジスティック曲線である．こうしたS字型曲線はいろいろなところでみられる形である．生物の成長発達や学習曲線の多く

はこの形に近いものとなり，能力水準の変化を表すのに適したものといえよう．

こうした曲線はほかの生物実験・薬効実験などでも使われている．害虫駆除薬の効果を調べるのに，横軸に薬の投与量をとり，縦軸にその薬で所与の害虫の何％が死亡するかをみる．少ない投与量で多くの害虫が死滅すれば薬の効果は大きいのだし，逆に虫の中にもなかなか死なない虫がいればそれは耐性の強い（人間ならば力のある）虫であるということができよう．

ただこのような，置き換えに都合のよい尺度（ここでは年齢）がない場合はどうするか．上例でも，もしテスト受験者が皆同じ年齢であったら年齢を基準にとることはできない．

しかし年齢尺度に相当するような尺度の存在を考え，実際のデータがそれに上手くフィットするようなモデルを考えることはできる．それが計量心理学で多く使われる潜在変数 θ であり，各人の能力値はその θ 尺度上に位置づけられると考える．さらに一般化していけば，θ がそのとき測定しようと考えた知能

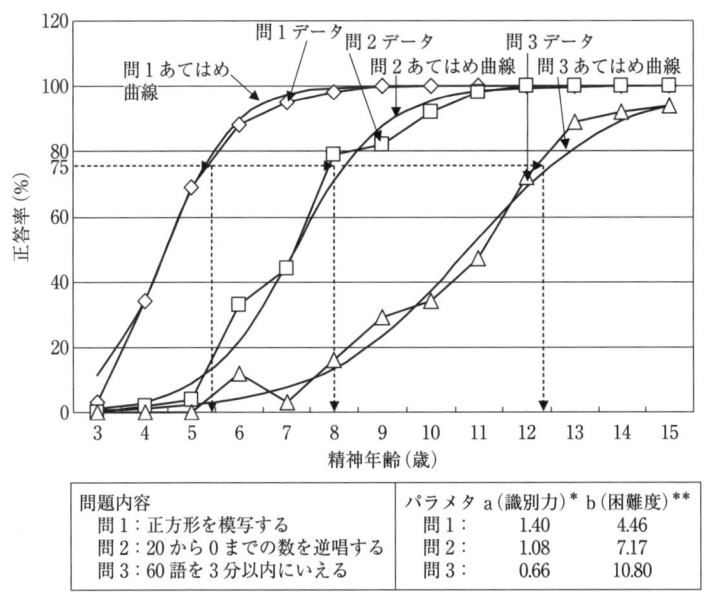

問題内容	パラメタ a (識別力)*	b (困難度)**
問1：正方形を模写する	問1：　1.40	4.46
問2：20から0までの数を逆唱する	問2：　1.08	7.17
問3：60語を3分以内にいえる	問3：　0.66	10.80

*正答率50％のときの発達曲線の傾き
**正答率が50％に達する年齢

図 4.1　各問の発達曲線と正答率の変化

とか◯◯力といった背後で求める構成概念（constructs）をどれだけ反映しているかという妥当性問題に行き着く．

こうした考え方で，古典的テスト理論では解決が難しいとされた問題に挑戦する試みが出てくるようになった．その1つが1950年代にロード（F. M. Lord）などが手がけた項目反応理論（IRT；item response theory）である（はじめは潜在特性モデル（latent trait model）とよばれていた）．それは直接表面では観測できないが，人の行動の背後に測りたい潜在特性を仮定し，表面に現れる観測データの組み合わせから潜在尺度上の数値を逆に推定しようとするものである．

図4.1の滑らかな曲線は観測されたBinetの折れ線グラフに，2-パラメタ・ロジスティック曲線を当てはめたものである．図4.1の下段右にあるa（識別力），b（困難度）の値が問1，2，3のパラメタ値で，その値がそれぞれの曲線の形と性質を決める．

ところでこの3つの問題項目で正答できたかできなかったかの解答組み合わせは全部で8通り考えられる．その一つ一つについて，精神年齢ごとにそういう解答パタンの得られる確率を計算すると，それぞれの解答が独立ならば（局所独立の仮定という）各パタンの発生確率は各解答の生起確率の積となり，図4.2に示されるような形となる．この条件のもとでは全問正解不正解のものを除いて，[1, 0, 0]と[1, 1, 0]という2種類の解答パタンが多く発生し，それ以外の解答パタンはほとんど起こらないこともわかる．これから，[1, 0, 0]と答えた人の精神年齢はいちばん起こる確率の高い6歳付近と考えるのがよいし，[1, 1, 0]と答えた人の精神年齢は9歳付近と考えればよい．もちろんこの3問だけでは精神年齢6歳以外の人が[1, 0, 0]と答えたり，9歳以外の人が[1, 1, 0]と答えることも多いが，問題項目数を増やせばその値はどこか1つに集中してくるだろう．それを精神年齢の推定値とすればよい．また誤差の幅も段々小さくなり，推定範囲も狭められるだろう（理論的にそれを計算することもできる．図4.2の白帯幅がそれぞれ推定誤差の上下1標準偏差幅を表す．

この図では横軸に年齢をとっており，推定されるのはその子の精神年齢になるわけだが，一般的ケースではθや項目のパラメタ値は事前にはわからない．

そこで同時最尤推定法 (JMLE), 条件付最尤推定法 (CMLE), 周辺最尤推定法 (MMLE), あるいはベイズ-モーダル-推定法 (MAP), ベイズ期待値推定法 (EAP), さらにはマルコフ連鎖モンテカルロ法 (MCMC) などさまざまな方法を利用して, 項目パラメタや θ を推定する. それにはコンピュータプログラムが必要になるが, 詳しいことは具体的な項目反応理論の専門書を参照されたい (豊田, 2002a, b, 2005；Baker & Kim, 2004；de Ayala, 2009；村木, 2011).

こうした考えはコンピュータの処理能力の向上, そして 1980 年代になるとパソコンの普及もあって解答の直接入力が容易になり, 急速に使用が増えてさまざまなヴァリエーションも生まれるようになった.

最初は解答が選択式客観テスト問題のように正誤, あるいはハイ・イイエのように 1-0 の 2 値で決まるものから,「大いに反対-反対-どちらでもない-賛成-大いに賛成」のように段階的に決める質問表, あるいはそのような順序をもたないカテゴリカルなもの, とさまざまな質問形式にも対応できるモデルが工夫されてきた (van der Linden & Hambleton, 1997). また, 設定される潜在尺

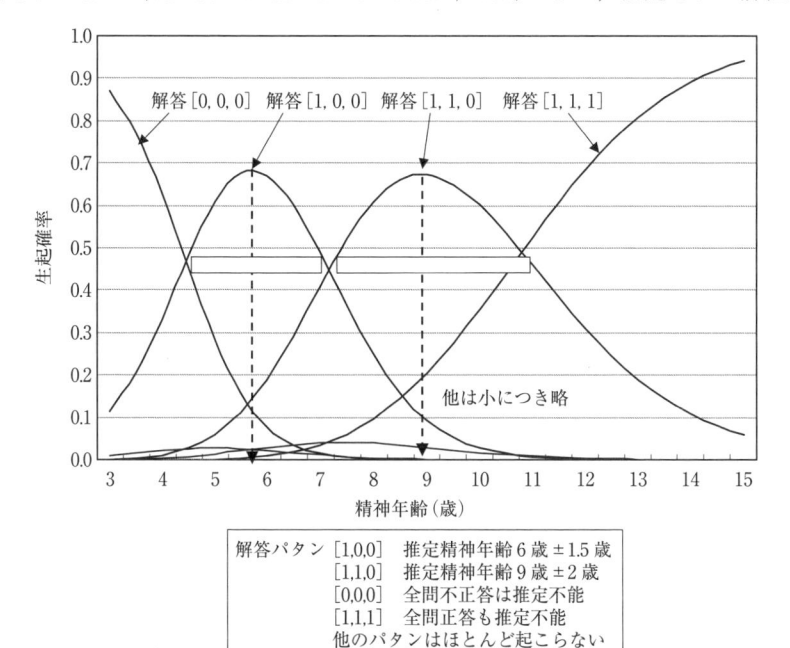

図 4.2 8 つの解答パタンの生起確率

度もここに示した1次元だけでなく，多次元を仮定したものもできるようになった．そうすれば，数学のテストで，基礎問題はできるが活用問題はできないといった議論も，問題を解くのに算数の基礎のほかに国語力も必要だとして2次元モデルを仮定し，活用問題ができないのは，国語力の不足のためであるといったことを確かめることもできよう．

解答確率と尺度値を対応づける項目反応関数も累積正規関数から1-2-3-パラメタ・ロジスティック関数，さらには制約の緩い単調増加関数をもとにするノンパラメトリックIRTと範囲を拡大し，また局所独立というきつい仮定の成り立ちにくいテストレットとよばれる大問形式の問題（Wainer et al., 2007）や反応確率が刺激と応答者との近さによって決まる展開法への適用モデルなど，項目反応理論の応用は日進月歩の展開をみせている．こうした状況を展望するのに van der Linden & Hambleton (1997)，Thissen & Wainer (2001)，Sijtsma (2001)，Sijtsma & Junker (2006)，豊田 (2005) などをあげておこう．

あらかじめ問題項目の特性値（パラメタ）がわかっていると，そうした問題を使うことで解答者のレベルに応じてどのくらいの確率で正答できるか予想できる．これを利用して受験者の解答の様子をみながら，その人のレベルに合わせて次の問題を出題するという効率的な適応型テスト（CAT；computerized adaptive testing）も生まれた（Wainer, 2000, van der Linden & Glas, 2000；Parshall et al., 2002）．またいくつかの異なるテストの得点を共通尺度上に位置づけることで，異なる集団，異なるテストで実施される得点間の接続性，連結性を実現し，比較可能な尺度をつくりだすことも可能となった（4.4.4項参照）．

小規模で1回限りのテストを想定したローカルなテストでは，手間をかけてこうしたIRTで分析することのメリットは実感できないかしれないが，大量受験者を抱え，異種の，また異なる年に実施されるテスト結果との連続性を保証するには，IRTによるテストづくりは欠かせないものとなってこよう．

4.4.3 テストに必要な計画性

こうして項目反応理論（IRT）の発展と実用化はいろいろな面で，従来の古典的テスト形式が抱えていた課題に解決の目途を与えた．しかし，従来の方法で得られるテストデータをすぐにIRTで処理できるわけではない．それには

テストの実施前から必要なデータが集められるように計画的に設計して実行処理する必要がある．

まず，以前は採点されたテスト得点（素点）だけあれば後の処理が済んだものが，IRT 処理には個別問題ごとの正誤情報（多肢選択式なら選択肢ごとの選択情報があればなおよい），つまり解答の原データが必要である．個々の受験者の得点だけしか残っていない資料からでは，後で IRT 分析しようとしても手遅れである．テストの解答情報は後々生かして使うことを考えて，厳重な管理体制の下，保存するシステムを考えておくのがよい．

先に偏差値情報は限られた受験者集団の中での相対的位置情報しか提供せず，それを越えた受験者集団や施行時期の異なるテスト得点間の意味ある比較は難しいことを述べた．たとえばいままで多く行われた入学試験は年1回実施で，その結果を利用するのはそのとき受けた受験者限りで，翌年は翌年で独立に改めて試験を実施する．それだけであればあまり問題は起こらないかもしれないが，最近では，秋冬年2回の入試選抜を行ったり，前年の結果を翌年の選抜に利用するところもある．検定試験では年数回実施するものも多い．それらの異なる素点を一律に何点以上ならば合格として免許を与えるならば，合格者のレベルは一定せず不公平が生ずる．偏差値に直したとしても毎回の受験者レベルが同じでなければ，合格者の能力水準を同等に保つ保証はない．時期によって有利不利が生じる．

受験者にとって受験機会が増えることは好ましいが，それには異なるテストが共通尺度上で比較可能な形になっている必要がある．たとえば両集団に共通した問題（アンカー問題という）を受けてもらい，それを鍵にして個々のテストを比較できるように調整する．これをテストの水平等化（horizontal equating）という．もし項目困難度や項目識別力のわかった問題項目が使用できるのであれば，その情報を利用して尺度調整が行える．

また，3年次における生徒の学力と4年次になってからの同じ生徒の学力がどれだけ成長進歩したかを知るには3年と4年の縦方向につながった能力の変化を同一尺度上で表現できる共通尺度が必要になる．2つの異なる尺度を縦方向に接続する手続きを尺度の垂直等化（vertical equating）という．

学力調査で経年的変化の動向を調べるにもこうした方法がとられないと，出

題問題の違いと受験者集団の変化とを区別して比較することができない.

　違った2つのテストを接続するには，① 共通項目デザイン：両テストの中に共通する問題項目（アンカー項目）を含めて受けてもらい，その情報を手がかりにほかの項目の特性値（困難度や識別力）を調整する，② 共通受験者デザイン：一部の受験者に両テストを受けてもらいその情報をもとにほかの受験者の推定能力値を調整する，③ 同等受験者デザイン：受験者の能力水準が等しくなるようあらかじめランダムにグループ分けし，それぞれのテストを受けてもらって両者の違いから項目特性値の調整を行う，などを基本にさまざまな方法が考えられている．しかし，その解決は単純でなく，また実施に先立ち等化に必要な情報を得るための慎重な計画を立て，受験者の協力も得なければならない．それは今日のテスト研究の主要なテーマの1つとなっている．（詳しくは Kolen & Brennan, 2004；von Davier *et al.*, 2004；Dorans *et al.*, 2007 参照）．

　こうした研究成果の進んだ学力調査の例として，わが国も参加して定期的に行われている大規模国際学力調査，すなわち経済協力開発機構（OECD）の生徒の学習到達度調査（PISA）や国際教育到達度評価学会（IEA）の国際数学・理科教育動向調査（TIMSS），あるいはアメリカで行われている全米学力調査（NAEP）などがある．いずれも可能な限り，偏りのないテストデータを得るために，慎重な計画のもとで，必要十分な数の受験者標本（生徒）を抽出することを試みている．しかし，1回の調査で1人の生徒に施行できる時間と問題数には限りがある．1人の生徒から得られるわずかな同じ問題の解答をいくら多くの生徒から集めても，そこからはその問題だけに限られた狭い範囲の情報しか得られない．もっと知りたい他の学力面を引き出すことはできない．

　そこで，実際のテストでは必要な数百問の問題項目を用意し，それをいくつかのセットに分割し，手分けしていろいろな生徒に答えてもらうことにする．ただそれだけでは，違った問題が与えられた生徒どうしの比較は難しい．そこでいくつかの異なる生徒群と異なる問題群のセットを用意する．それらの各セットには共通の問題が組み合わされて含まれており，どのセットが与えられてもそれと同じ問題をどこか別の生徒群が受けており，それらを共通の尺度に変換して比較できるようにする．もちろん生徒にはどの問題が与えられるかは知らされていないし，例題を除いて問題も非公開である．これは生徒と問題項目

の両方を組み合わせてクロスさせたマトリックス標本抽出法（matrix sampling）とよばれるが，ここではわかりやすいように「重複テスト分冊法」と称している．尺度の変換には先に述べた等化の方法が用いられているし，問題と生徒の組み合わせには実験計画法の考え方が取り入れられている．このように現代の大規模学力調査では，高度な理論とテクニックを用いて，調査の目的に沿った結果が得られるような形で実施されている．（考え方の紹介は荒井・倉元，2008；日本テスト学会，2010 参照）．

4.4.4 テスト方法のイノベーション

コンピュータ技術の進歩は従来のペーパーテストによるテストの形式を変える力をもつ．まず AV 機器と連動することで，音声や画像，ときには動画も問題の中に提示することができる．とくに音声を必要とする外国語聴解力テストや音楽・美術鑑賞のテストには便利である．受験者の解答も以前のようにマークシートに印をつけるのでなく，一人一人がイヤホンで問題を聞きながら，パソコン画面に向かって，マウスやタッチペンを使い，あるいはマイクを通して口頭で答えることも可能になった．いまでは外国人留学生用英語力テストで有名な TOEFL-iBT は読み・書き・聴き・話すの 4 技能すべてをコンピュータで行っている．米国の医師免許試験（USMLE），建築家登録試験（ARE），あるいは統一公認会計士試験（UCPA）など，次々とコンピュータ・テスト化（CBT；computer-based testing）され，やがてわが国でもそうした試みが実現していくようになるであろう．それは従来のペーパーテストで主に知識や理解を尋ねる形から，実務で使われる実際的作業に近い問題，つまり真正度の高いテスト（authentic test）が求められていることを意味している．

マークシートの普及があまりにも安易な選択式テストの乱用を招くとしてその弊害が指摘されていた．記述式テストは構想力・表現力の養成や訓練に欠かせないが，採点に手間がかかり，評定も一定せず，大量実施には不向きであると考えられてきた．望まれながらも，採点の難しさがこうした作業を求める解答構築型テスト（CRT；constructed response testing）の普及を妨げてきた．

論文の自動採点を試みるテスト（AES；automated essay scoring）はこうした不可能と考えられてきた能力の測定にも新しい道を開こうとしている

(Shermis & Burstein, 2003；Williamson *et al.*, 2006). わが国でもそうした試みも行われるようになってきている（植野・永岡, 2009). しかしまだすべてのテストを自動化するには至らず，大規模テストでも採点を人に頼らざるを得ないところは多い.

採点者の評定が必要だとすると，それは尺度の信頼性を犠牲にせざるをえない. 従来のマークシートによる客観テストは実施条件をコントロールして，誤差をなるべく小さくし，信頼性を上げることに関心が注がれてきた. 因子分析などを通じて，真値の構成成分を分けることには熱心であったが，誤差内容への関心が高いとはいえなかった.

真正度の高い作業式テストや解答構築型テストが重視されてくると状況が変わってきた. テスト得点のばらつきは受験者個人の能力のばらつき以外に，使用される問題，採点者，実施時期，受験者自身の調子など，さまざまな要因で変化する. それらを単に誤差として一括処理するのでなく，その成分をより細かくみていこうとする要求が生まれた.

しかし，これも解明は簡単ではない. 採点者の影響を捉えるとしても，かかわり方は一様ではない. 採点者が1人では，採点者による違いはわからない. 同一の答案を複数の採点者に評定してもらい，その違いを比べるとする. その方法にも，① 複数の採点者すべてが全問題と全受験者について評定する，② 受験者を複数グループに分け，その答案を別々の採点者が手分けして評定する，あるいは，③ 問題をいくつかに分割し，採点担当者（多くの場合は当該問題の出題者）が手分けして，受けもった問題については全受験者について採点する，といったさまざまなケースがあるだろう.

こうしたさまざまな場合について，採点者の影響や問題との関係，あるいは受験者との関係（交互作用という）などを考慮に入れた分析を行うとすれば，最初から問題配分，採点者の割り当てなど，細かい計画を立て，組織的，計画的にデータを集める必要がある. それは自然科学の実験で，さまざまな要因の影響を制御し，得たデータを比較するという実験計画法の考え方が必要なのと同様である. それを一般化したものに一般化可能性理論（GT；generalizability theory）(Cronbach *et al.*, 1972) があり，複数のテストデータを同時に分析する多変量の一般化可能性理論も開発されている（Brennan, 2001）. 実際，米

国の医師免許試験（USMLE）では，客観的臨床能力試験（OSCE；objective structured clinical examination）とよばれる臨床試験の評定にGTが使われているし，日本の医科・歯科大学で実施されている共用試験でもOSCEの評定にGTが試みられている．ここでも，データに基づく教育研究に慎重な計画性がなければ，テストデータから有意な結論を導き出すことが難しいことがわかる．妥当性のあるテストを作成し，実施するにはどうすればよいか，Downing & Haladyna(2006)には，それについての詳細が書かれている．

　学習者が日々の学習によってどれだけ進歩したか，落ちこぼれをなくすために早く前兆を見出し早期の対策をとることが大切である．ただ，テストで知るとしても，信頼性の低いテストではそうした変化と測定目的と直接関係のない情報との見分けがつかない．それには日常の学習活動の中に微細な情報を取り込み記録し，次の指導を一人一人の生徒に反映することのできる双方向の動的テスト（dynamic testing）の開発が必要になる．あるいは，学習教材とテストが実質上見分けのつかないカリキュラムの中に組み込まれたテスト（curriculum-embedded test）が求められてくるだろう．そうなれば，コンピュータを利用した情報工学技術とも提携し，e-ラーニングの中にテスト技術を組み込ませていくことが必要になるだろう（Bartram & Hambleton, 2006）．行動計量学会は多彩な分野に分かれたきわめて学際的な学会である．そうした学会メンバーが情報交換を密にし，テスト学がより広い分野に脱皮していくことを期待している（植野・永岡, 2009；植野・荘島, 2010）．

4.5　わが国の現状と課題

　以上みてきたように世界のテスト法・テスト学の研究水準は急速に高まり，PISA，TIMSSなどの国際比較学力調査，あるいは先にあげた外国人英語力テスト（TOEFL），全米学力調査（NAEP）（荒井・倉元, 2008），各種免許資格試験（USMLE，ARE，UCPA，など）多くの代表的試験が新しいタイプのテスト理論と技術を駆使して，こうした知識，技能，能力（KSA）の測定に活用されている．また日本の行動計量学研究者にも関心をもつ人が多く，世界的な業績をあげている人もいれば，実際的なテストの作成，実施を試みる所も現

れてきている．しかしその一方で，社会で実際に使われている大量のテストをみると，依然として何十年も前の形式がいまなお使われ続けている．それをそのままの形で受験者が何万・何十万人の大規模テストに拡張しても，得られる有意義な情報は限られている．韓国・台湾などのアジア諸国でも新しいテストの動きに真剣であると聞いている．そうした中で，日本のテスト改革を進めるのに必要なもの，それを2つの点から考えてみたい．

4.5.1 テスト環境の整備

1つはテストに必要な情報の不備である．社会は人どうしのコミュニケーションで成り立っている．それがスムースに行われているところは上手くいく．

テストはフォーマルな形で受験者全員から情報を受け取れるほとんど唯一の手段である．昔はそれをまとめて処理するには点数として出すしかなかった．点数だけの優劣で人を判断するという悲しい風潮が再生産されていた．ほかのもっと有益であるべき一つ一つの問題別解答情報の分析と活用にまで手が回らずに終わっていた．しかし，いまは情報通信処理技術の進歩で，受験者の力に合わせた問題を自動的に選んで出すことのできる適応型テスト（CAT），インターネットを利用した遠隔テスト，好きな時間に受けられる在宅テストなども技術的には可能になってきた．そこだけみれば演習問題を解きながら先へ進む自主的勉強と変わりはない．必要なのは提供できる豊富な電子教材の開発と質問に対する応答を即座に処理し助言できる処理システムである．

いまテストの世界では項目バンキング（item banking）の構築ということがいわれている．とくに適応型テスト（CAT）の普及にはそうした問題項目の蓄積が欠かせない．医学教育の世界では症例が大事であるが教育でも同じである．問題プールはこの問題はどの程度のレベルの人ができ，またどういう間違いが多いか，そういう症例集めと考えればわかりやすい．症例の積み重ねが，教育カリキュラムの改善に，教師であれば教授法の改善に役立つ．それは学習の順序やステップを考える上での貴重な資料となり，そうした経験の積み重ねが学習のコース設計でも重要な働きをする．残念ながら日本の教育ではそうした試みがまだ少ない．

無方針に項目プールを増やすことは，玉石混交のデータが蓄積される心配も

ある．そのため整備には項目の仕様を明確化し，使用され集積されたテスト資料の中から条件に合うテスト問題を検索して，いわば宝石を探しだすデータマイニングの技術もこれから開発していかねばならない．とくに問題ごとのいままでの応答情報の記録や問題間の関連情報，たとえばこの問題ができるにはどの問題ができることが必要条件であるかといった組み合わせ情報を積み重ね，そこから条件にあう問題項目を検索できるようにすることは，優れた検索技術の開発とあいまって，今後に開かれた大きな研究分野であると思われる．それは行動計量学研究者の課題でもあり，そうした研究も盛んになりつつあるが，それは単にテストによる測定の専門家だけでなく，教科の専門家はもとよりe-ラーニングの技術者などとの提携も必要で，その環境づくりはこれからの課題であろう（山森・荘島, 2006；植野・永岡, 2009；植野・荘島, 2010）．

大規模テストにはテスト実施結果についての技術報告(テクニカルレポート)が大事である．それはテストの目的，内容，測定対象，実施日，テスト結果などの一般情報のほかに，使用テスト項目に関する情報（使用問題数，問題別正答率と識別力指数，選択式問題なら選択肢数や各選択肢への応答率，できれば項目間相関や妥当性判断に役立つ他テストとの相関係数，IRTを利用する場合にはその項目パラメタ値など）を含む記述である．それをもとにして2次分析が可能になる統計情報といってもよい．専門家にとっては，それらはテスト結果を正しく判断し解釈するのに有用な情報となり，教育上必要な資料提供の素材となる．点数あるいは平均値だけの報告資料からは，情報不足からくる思い込みや想像に任せた無責任な判断を誘発しかねない．

項目バンキングは単にテスト項目をプールしておくだけでなく，使用のたびにこうした付加価値をつけ加えて情報資産を増やしていくことに意味がある．年を重ねるにつれての動向分析（trend analysis）にも役立ち，後のテスト設計を考える上で欠かせないものである．わが国にはそうした種類の報告されたテスト情報の蓄積と分析が少ない．

異なるテスト結果を比較するには，それらをつなげるテスト間の縦の接続情報（垂直等化）や横の連結情報（水平等化）が大事であることを述べたが，それには事前の実験調査計画に基づいて，データ収集時に必要な資料を集めるためのテスト設計が重要である．

理想的な計画を実際の現場で行うことは，授業の流れや時間的制約の問題もあって困難なことが多いだろう．それはこうした研究がわが国で行われにくい理由の1つと考えられる．また，その必要性の認識も弱い．教師の協力の下，できれば日常の授業形態の中に含ませ，授業の一環として実施できるような工夫（それをテストとよんでよいかは別として）が必要となろう．

4.5.2 テスト情報の公開

これだけ多くのテストが行われていて，その結果についての詳しい情報が知らされていない状況は不自然である．また，知らされても点数あるいは平均点だけというのでは，受験者が提供した情報の見返りとしてあまりに少なく実りが薄い．その一方で，個人情報保護法の成立により，テスト情報は個人情報の1つとして，外部に流れることを警戒する動きも強い．危うきは近寄らずで，それに触れたがらない傾向にあることも否定できないであろう．

全国学力調査の例をみても，情報公開に対する認識には県ごとに差があり，公開を求める声の強いところもあれば反対するところもあるようである．それはテスト情報で何が大事なのかに対する認識の差の表れと思われる．いままでテストの点数の序列差だけが情報として重視されてきた過去の弊害もある．ただ，全体として一律に情報公開がよいか悪いか論ずるのでなく，残すべき情報は何か，そのうち公開すべき情報は何か，期限つき条件つきで公開すべき情報は何か．公開してはいけない情報は何か．そうしたきめの細かい議論が不足しているように思われる．そのため情報公開に対する共通認識も育ちにくい．

先に触れたように，テスト結果の扱いは病院の症例扱いに似たところがある．患者の個人情報は守らなければならないが，治療に役立つ症状例や治療法は多くの医療関係者が共有し，早い段階で病気の予防や蔓延を防ぐ意味で欠かせない．それはテスト結果の情報を教育に生かす場面でも同様であろう．

それとは反対に，問題内容だけを試験直後にすべて公開することも，学力の発達や経年変化を正確に捉える上では妨げになっている．一度使用した問題は再度使うことができず，つねに新しい問題をつくらなければならないということは，妥当で適切な問題かどうかを経験データでチェックしないまま世に出すことと同じである．あとの事後分析の結果を利用して，よい問題を残し，そう

でない問題は工夫改良し，次に役に立つ問題に変えていく意欲と機会を閉ざすことになる．

しかし，市民の認識と権利意識の高まりとともに，テスト情報の公開の動きは抑えることはできまい．毎年行われるテスト情報を公開するテスト機関は増えてきた．しかしその内容は機関によって必ずしも同じではない．あるところでは平均値までは公開されているが，標準偏差は公開されていないとか，得点の度数分布まで公開されているところもあればそうでないところもある．公開によってテストから得られる情報が多くの判断に役立つものもあれば，ほとんど役立たず意味のないものもある．情報が少ないと，一方的な解釈や思い込みが誤った判断を誘発する危険もある．テストの問題数や選択肢数など，他の付属情報が付されていれば，公表された平均値や標準偏差，あるいは信頼性が納得のいくものか不自然なものか判断できるのにと思われる場合も少なくない．一方，適応型テスト（CAT）を実施するのに，テスト問題をすべて公開にしては意味をなさなくなる．

そうした意思決定にはテスト理論の専門家もテストの目的と場面に照らして何を公開すべきかすべきでないか，専門家としての立場から積極的に意見を述べ，議論に参加する必要があるように思う．先にあげた PISA，TIMSS，NAEP などには Web から誰でも眼にすることのできる多くの公開資料がある．そこでは実施機関が提供する一方向的報告情報だけでなく，提供される資料を素材として自分でさまざまな2次分析を行うことができ，新しい発見もあって教えられることは大きい．

テストが与える情報はどうあるべきか，またそれを得るために要請されるテストの形はどうあるべきかを考えるものとして，米国心理学会，米国教育研究学会，全米教育測定協議会編纂のテストスタンダード（AERA, APA & NCME, 1999）が有名である．日本のものとしては（日本テスト学会, 2007, 2010）などが役に立つ．

以上，心理・教育測定の発達史を振り返りながら，社会で使われているテストの現状とそれがもつ課題をテスト学・テスト法の立場から考えてみた．そして，行動計量学がそうした分野にどのような貢献ができるか，世界の状況を点描しながら示してみた．IRT をはじめ，そうした現代テスト学・テスト法の

動きは近年注目され，関心が高まりつつあるように思う．大規模テスト結果を公開する公共機関も増えてきたし，そういう公共性のあるテストを研究対象とした報告もみられるようになってきた (Shojima et al., 2007；柳井・石井, 2008)．個々の例をあげるには数が多く，ここで取り上げられなかったものも多いが，参考文献などを手がかりに先に読み進まれる人が増えることを期待したい．

文　　　献（刊行順）

宮崎定市 (1963). 科挙：中国の試験地獄. 中央公論社.
Scriven, M. (1967). The Methodology of Evaluation. In R. E. Stake et al. (eds.) *Perspectives on Curriculum Evaluation. AERA Monograph Series on Curriculum Evaluation*, No. 1. Rand McNally, pp. 39–83.
Bloom, B. S., Hastings, J. T. & Madaus, G. F. (1971). *Handbook on Formative and Summative Evaluation of Student Learning*. McGraw-Hill.（梶田叡一・渋谷憲一・藤田恵璽（訳）(1973). 教育評価法ハンドブック―教科学習の形成的評価と総括的評価―. 第一法規出版.）
Cronbach, L. J., Gleser, G. C., Nanda, H. & Rajaratnum, N. (1972). *The Dependability of Behavioral Measurements：Theory of Generalizability for Scores and Profiles*. John-Wiley & Sons.
Ebel, R. L. (1972). *Essentials of Educational Measurement* (2nd ed.). Prentice-Hall.
天野郁夫 (1983). 試験の社会史：近代日本の試験・教育・社会. 東京大学出版会.
Carroll, J. B. (1993). *Human Cognitive Abilities：A Survey of Factor-Analytic Studies*. Cambridge University Press.
Rogers, T. B. (1995). *The Psychological Testing Enterprise：An Introduction*. Books/Cole Publishing Company.
McCrae, R. R. & Costa, P. T., Jr. (1996). Toward a new generation of personality theories：Theoretical contexts for the five-factor model. In Wiggins, J. S. (ed.) (1996). *The Five-Factor Model of Personality：Theoretical Perspectives*. Guilford.
van der Linden,W. J. & Hambleton, R. K. (eds.) (1997). *Handbook of Modern Item Response Theory*. Springer-Verlag.
豊田秀樹(1998a). 統計ライブラリー　共分散構造分析［入門編］―構造方程式モデリング―. 朝倉書店.
豊田秀樹（編）(1998b). 共分散構造分析［事例編］―構造方程式モデリング. 北大路書房.
AERA, APA & NCME (eds.) (1999). *Standards for Educational and Psychological Testing*. American Educational Research Association.
豊田秀樹 (2000). 統計ライブラリー　共分散構造分析［応用編］―構造方程式モデリング―. 朝倉書店.
van der Linden, W. J. & Glas, C. A. W. (2000). *Computerized Adaptive Testing: Theory and Practice*. Kluwer Academic Publishers.
Wainer, H. (ed.) (2000). *Computerized Adaptive Testing：A Primer* (2nd ed.). Lawrence Erlbaum Associates.
Brennan, R. L. (2001). *Generalizability Theory*. Springer-Verlag.

Cizek, G. J. (ed.) (2001). *Setting Performance Standards: Concepts, Methods, and Perspectives.* Lawrence Erlbaum Associates.

Sijtsma, K. (2001). Developments in measurement of persons and items by means of item response models. *Behaviormetrika,* 28, 65-94.

Thissen, D. & Wainer, H. (eds.) (2001). *Test Scoring.* Lawrence Erlbaum Associates.

Parshall, C. G., Spray, J. A., Kalohn, J. C. & Davey, T. (2002). *Practical Considerations in Computer-Based Testing.* Springer-Verlag.

豊田秀樹(2002a). 統計ライブラリー 項目反応理論［入門編］―テストと測定の科学―. 朝倉書店.

豊田秀樹（編）(2002b). 統計ライブラリー 項目反応理論［事例編］―新しい心理テストの構成法―. 朝倉書店.

豊田秀樹（編）(2002c). 特集 討論：共分散構造分析. 行動計量学, 29(2), 135-197.

柳井晴夫・岡太彬訓・繁桝算男・高木廣文・岩崎 学（編）(2002). 多変量解析実例ハンドブック. 朝倉書店.

Shermis, M. D. & Burstein, J. (eds.) (2003). *Automated Essay Scoring: A Cross-Disciplinary Perspective.* Lawrence Erlbaum Associates.

豊田秀樹(2003a). 統計ライブラリー 共分散構造分析［技術編］―構造方程式モデリング―. 朝倉書店.

豊田秀樹(2003b). 統計ライブラリー 共分散構造分析［疑問編］―構造方程式モデリング―. 朝倉書店.

Baker, F. B. & Kim, S.-H. (2004). *Item Response Theory: Parameter Estimation Techniques* (2nd ed.). Marcel Dekker.

Kolen, M. J. & Brennan, R. L. (2004). *Test Equating, Scaling, and Linking: Methods and Practices* (2nd ed.). Springer-Verlag.

von Davier, A. A., Holland, P. W. & Thayer, D. T. (2004). *The Kernel Methods of Test Equating.* Springer-Verlag.

豊田秀樹（編）(2005). 統計ライブラリー 項目反応理論［理論編］―テストの数理―. 朝倉書店.

Bartram, D. & Hambleton, R. K. (eds.) (2006). *Computer-Based Testing and the Internet: Issues and Advances.* John-Wiley & Sons.

Brennan, R. L. (ed.) (2006). *Educational Measurement* (4th ed.). American Council on Education and Praeger Publications.

Downing, S. M. & Haladyna, T. M. (eds.) (2006). *Handbook of Test Development.* Lawrence Erlbaum Associates.（池田 央（監訳）(2008). テスト作成ハンドブック―発達した最新技術と考え方による公平妥当なテスト作成・実施・利用のすべて. 教育測定研究所.）

Sijtsma, K. & Junker, B, W. (2006). Item response theory：Past performance, present developments and future expectations. *Behaviormetrika,* 33, 75-102.

Williamson, D. M., Mislevy, R. J. & Bejar, I. I. (eds.) (2006). *Automated Scoring of Complex Tasks in Computer-Based Testing.* Lawrence Erlbaum Associates.

Dorans, N. J., Pommerich, M. & Holland, P. W. (eds.) (2007). *Linking and Aligning Scores and Scales.* Springer Science-Business Media, LLC.

日本テスト学会（編）(2007). テスト・スタンダード：日本のテストの将来に向けて. 金子書房.

Rao, C. R. & Sinharay, S. (eds.) (2007). *Handbook of Statistics 26：Psychometrics.* North-Holland.

Shojima, K., Otsu, T.,Maekawa, S., Taguri, M. & Yanai, H. (2007). Factor structure of the National

Center Test 2005 by the full-information pseudo-ML method. *Behaviormetrika*, 34, 131-156.
豊田秀樹 (2007). 統計ライブラリー 共分散構造分析 [理論編] ―構造方程式モデリング―. 朝倉書店.
山森光陽・荘島宏二郎 (編) (2006). 学力 いま, そしてこれから. ミネルヴァ書房.
Wainer, H., Bradlow, E. T. & Wang, X. (2007). *Testlet Response Theory and Its Applications*. Cambridge University Press.
荒井克弘・倉元直樹 (編) (2008). 全国学力調査：日米比較研究. 金子書房.
海原 徹 (2008). 広瀬淡窓と咸宜園. ミネルヴァ書房.
柳井晴夫・石井秀宗(2008). 大規模学力テストと学ぶ力に関する研究をめぐって. 日本児童研究所(編) (2008). 児童心理学の進歩 2008年版, 57-86. 金子書房.
de Ayala, R. J. (2009). *The Theory and Practice of Item Response Theory*. The Guilford Press.
植野真臣・永岡慶三 (編) (2009). e-テスティング. 培風館.
日本テスト学会 (編) (2010). 見直そう, テストを支える基本の技術と教育. 金子書房.
植野真臣・荘島宏二郎 (2010). シリーズ行動計量の科学4 学習評価の新潮流. 朝倉書店.
村木英治 (2011). シリーズ行動計量の科学8 項目反応理論. 朝倉書店.

5
社会調査の発展

5.1 はじめに

　日本において社会調査が実施されるようになったのは，ほとんど，戦後からといってよいであろう．古くをたどれば，1897年頃，横山源之助が，東京の貧民地区の生活状況を調査し，『日本之下層社会』として1899年に刊行されたものがあるが，これは特定地域の観察記録を主としたものであり，さらには，1901～02年に当時の農商務省が『職工事情』を調査・刊行，続いて，東京・大阪においては，大都市の貧民状況について官公庁が行った調査もあったが，いずれも特別な地域におけるものであった．さらに戦前には，徴兵制度の下で，男性の徴兵検査（満20歳）の際に壮丁教育調査が1905年から行われ，1931年からは全国統一の方法で，国語，修身，公民，算術の教科について行われていた．これらは調査前史とみられるものであろう．なお，日本における国勢調査は，1920年にはじめられている．
　ところで，「社会調査」の定義として，飽戸弘は，多くの人が認めていることとして，「社会調査とは，① 社会または社会事象について，② 現地調査（フィールド・サーベイ）により，③ 統計的推論のための資料を得ることを目的とした調査のことである」（飽戸, 1987）といっている．
　つまり社会調査法は，われわれの知りたいと考える情報で，自分の目や心では捉えられないほどの大きな範囲の事柄を，科学的方法で捉え，得られた情報から，歪みなく全体を類推できるような探索の方法ということができよう．
　さて，このような社会調査が，日本で実施され，目的に適ったものとして結

論が導かれ，さらに方法論的に検討が加えられ，より広い，深い方法の展開へと進められていったのは，戦後のことといえよう．（なお，戦前に，読み書きの能力を調べたものは，先述の壮丁教育調査のほかに，カナモジカイによるものが4回(1935, 1937, 1941, 1945)あるが，サンプルの選ばれた母体は限られたものであり，全体的な様相を把握するにはほど遠いものであった．）

5.2 日本における社会調査のはじめ—「日本人の読み書き能力調査」

1948年に実施された「日本人の読み書き能力調査」は，まさに日本の社会調査の原点とされるものであろう．これは，戦後の占領期に，連合国軍総司令部が，漢字の存続についての論議の中から，日本人の読み書き能力を調べたいという強い意向が起こり，それによって，この調査を行うことになったものである．それまで，統計的理論による社会調査といえるものはまったく行われておらず，日本ではじめてのサンプリングによる，全国調査であり，このような大がかりの調査は，世界においても類のないものであった．この調査については，綿密精緻な報告書が出版されており（読み書き能力調査委員会，1951），ここでは，その中から，調査法を示す骨格を紹介してゆく．

　調査の目的　「日本国民として，社会生活を営む上に必要な文字言語を使う能力を調べる事」とされており，読み書き能力は，数字およびカナと漢字の読み書き，語の意味の理解，文章の理解によって測られると考えられ，これらは，言語的，教育的，文化的要因が，影響を及ぼしているとみられた．そして，一般の人々の日常生活に必要な思想や情報のとりかわし（マス・コミュニケーション）の手段の中で，文字言語での主なものは，新聞，届および通達，ビラ，個人的な手紙であり，これを理解し，使う能力（literacy）を測ることと考えられた．

　調査の計画　1947年12月当時，日本はいまだ占領下にあり，連合国軍総司令部民間情報教育部（CIE）の側からの勧めがあり，検討の結果，1948年1月に調査実施の決定がなされ，1月中に準備委員会が立ち上げられ，3月に中央企画分析専門委員会（言語学，国語学，教育学，心理学，統計学，新聞・雑誌，の各分野からの専門委員による）のメンバーが決まり，それが中心となり，

準備調査は6月1日まで，準備の完了は7月15日まで，本調査は8月1日，分析は9月1日から，そして10月1日までに報告をまとめるという計画が決まった．実施に関しては，地方実施委員会（北海道，東北，関東，関西，中国・四国，九州の各地方に設置）が，具体的な各地域の被調査者の抽出とテストの実施にあたり，再び中央で，専門委員会の指示の下，調査結果の収集，集計，吟味，検討，考察にあたり，後調査として，言語教育の修正を目標とした「学校調査」を行うことを計画した．

調査の設計は，次の3つの面からの同時進行で行われた．すなわち，① マス・コミュニケーション・メディアを分析し，テスト資料をつくること，② 調査の方法の検討，③ サンプリングの準備，であり，このうち②，③に関しては，統計の分野の専門委員である林知己夫（統計数理研究所・所員）が，主として責任を担うこととなり，実施に向かった．

調査票作成　国語学の専門委員である柴田武をはじめ，言語学，教育学，心理学，新聞・雑誌の専門委員を中心に，マス・コミュニケーション・メディアの分析，約6万6000語の新聞語の度数調査，社会生活に必要な約700点の文字言語資料の分析から，妥当性，適応性，信頼性，客観性に注目して，語を選び，（新聞をサンプリングで選び，内容を，専門語・特殊な語，普通の文章語，口頭語・俗語で分類し，それと項目とのクロスの表の中から抽出し），約1200人についての予備調査を行って，吟味して，単語を選び出した．また，カナや数字の読み，漢字の読みと書き取り，漢字で書かれた語の意味，その理解，および，文節や，パラグラフの理解などを調べることを目標に，細かい資料に基づき，さらに，予備調査の結果をふまえて，テストの項目を決定していった．調査の方法は，後述の通り，集団調査法となり，予備調査から検討した結果，50分程度が適当とみられたので，テストの実働時間が50分となるような問題を作成することになった．

調査の方法　一般に，調査の方法として1回の被調査者に対しては，個人調査法と団体調査法（集団調査）とがある．個人調査法では，回答の仕方，調査を受けているときの態度も観察でき，回答が十分にできない場合も，その程度を知り得，時間制限の必要もなく，被調査者の都合のよい場所で調査を受けうる，などの利点も考えられる．一方，団体調査法では，多数の者を短時日に

調査でき，施行条件を一定にすることが容易である，などの利点がある．「読み書き能力調査」の場合，少ない調査者で，短時日に調査を終えなければならず，とくに個人調査法による場合は，各家庭で行うことが想定され，その場合，他者から分離した状態で調査を行うことはほとんど不可能であろうことなどを考慮し，団体調査法（集団調査）をとらざるをえないという結論に達した．

被調査者は，日本人で，通常の社会生活を営んでいると考えられる年齢層として，約4000万人を対象に考えなければならず，一方，調査者は，かなりの素養があり，しかも一定の訓練が必要なことから，その数にも限界があった．そして，調査結果を短時日のうちにまとめる必要がある，などのことから，被調査者は，調査対象者の中から，統計的に推定のできるサンプリングの方法で抽出するということになった．

サンプリング計画について　これは，統計の専門委員である林知己夫が主となって行ったもので，後の調査への大きな示唆となったものである．

まず，対象者を，日本領土に居住している，数え年で15歳から64歳の日本人男女とした．これは，当時，通常の社会生活を営んでいると考えられる年齢層であり，約4000万人が想定された．ただし，外海に点在する島嶼（伊豆大島，八丈島，三宅島，佐渡島，隠岐，壱岐，対馬，長崎県南松浦郡，鹿児島県大島郡，鹿児島県熊毛郡）は，調査の実施が困難で費用がかかるため，これらの住民は除外することとした．

層別する第1次の抽出単位は，区，市，郡であり，層別の基準項目は，まず地域で，全国を6地方（北海道，東北，関東，関西，中国・四国，九州）に分けた．そして，それぞれの地方の中で，市部と郡部に分け，市部では，人口数が文化程度に関連が深いとみなされることから，6大都市，人口20万以上，20万以下10万以上，10万以下の4分類とした．そして，6大都市では，地理的状況，人口密度，産業構成（主として，第1次，第2次，第3次産業比率，特定地域ではさらに細かい産業比率を用いた），歴史的状況などに従って区群をつくり，そこから区を抽出した．その他の大都市（12）では，各市を群とし，中・小都市では，産業比率，さらに，大工業地区，小工業地区に分け，次に，ラジオ普及率，旧制高等・専門学校数，交通，地理的条件，歴史的状況によって層別して市群をつくった．郡部では，産業構成，産業の質的構造によって分

け，さらに，ラジオ普及率，地理的状況，人口密度などによって層別し，郡を抽出し，抽出した郡について，第2次層別として，町村を，生態学的に同じとみなせるもので層化し，町村群をつくり，そこから町村を抽出した．町村の層別にあたっては，地理調査所発行の5万分の1，あるいは20万分の1の地図を参照した．それぞれの層別にあたって用いた項目は，読み書き能力と関連があるか否かについて，過去の関連資料を逐一分析し，関連を確かめてから，層別の基準に用いた．さらに，内分散，外分散の釣り合いを考慮に入れ，地点ごとの推定が不確かとならないように考慮して，層別を行った．このようにして構成した第1次の層の数は，市部で87，郡部で76，計163であった．

この163の層で，区部および郡部では，それぞれ，人口の重みをつけて区および郡を抽出し，その中から町村を抽出するという2段階の抽出を行った．

そして，第2次の抽出として，それぞれ，抽出された地点において，個人を抽出した．

調査地点は280ヵ所となり，サンプル数は，必要と考えられる精度から，1万7100人とされたが，集合調査の際の欠席率を考慮に入れ，2万1008のサンプルを抽出した．

この場合の精度計算などは，小田原市，埼玉県野本村，千葉県長浦村で5月，6月に実施された，予備調査の結果から算出されたものである．被調査者抽出に用いた台帳は，「物資配給台帳」であった．

当時，統計の分野の者でもサンプリング調査に関する知識は少なく，この計画が示されてから知識を得たが，実際の資料も乏しく（総理府（現内閣府）統計局において，国勢調査は行われていたものの，調査区の確たる分類もされておらず），作業の道具となるコピー機，計算機はもちろん，電卓などもない中で（計算は手廻し計算機とそろばんのみ），サンプリング計画を進め，準備調査を5月，6月中に終え，その結果を調査票作成に反映させ，8月10日前後の本調査実施までに運ぶことは，まさに超人的作業量をこなさなければならなかったことが推察できよう．

調査の実施 調査の実施にあたっては，全国的な統一を目指し，調査者のための懇切な解説書をつくり，各地方ごとで説明会を行い，抽出にあたっての細かな注意を伝達した．すなわち，市部や，少しの町村では，分冊となってい

る抽出台帳をまず抽出し，それから個人を抽出すること，さらに個人抽出の際，最初に抽出すべき人が何番目か（出発番号）ということと抽出の間隔は，すべて，中央で定めて指示した．そして，被調査者の出席が，できる限り完全となるよう，予備の宣伝，文書伝達，調査時刻の設定に配慮した．

本調査は各地方の事情から，同一日には行われず，8月8日から26日の間，とくに10日から13日をピークに実施された．

調査の結果，欠席率は市部 28.8 %，郡部 15.3 % で，全国での出席率は 80.2 % を得た．

調査実施の日が2週間以上にも及んでしまい，問題漏れも懸念されたが，きわめてわずかの問題は新聞報道されてしまったものの，被調査者にはほとんど影響はなかった．回答者についての性・年齢・産業別比率も，母集団のそれと著しい差異はないとみられた．また，欠席者と出席者の間に正解率での差がないかを，再調査を行って調べたが，全国の結果を本調査の回答者だけで推定しても歪みは非常に小さいことがわかった．問題ごとの吟味調査の結果からも，本テストの結果資料は，日常の文字生活の実態をよく反映している，すなわち，日本人の「読み書き能力」の測定に，一応妥当なものであるといえると判断できた．

調査の結果 調査は，日本国民としてこれだけはどうしても読み書き，理解ができなければ，と考えられる設問で，方法上の歪みがきわめて少ないようにして調査を行った．その結果，額面通りの満点は 4.4 %（不注意の誤りを見込んでも 6.2 %）であったが，得点の分布構造は J 字型分布（$Y=ax^k+b$）（高得点に最も人数が多く，また低得点でもやや人数が多い）であり，90点満点で平均点は 78.3，いわゆる「文盲」といわれる 0 点の者は，1.7 % にすぎなかった．「読み書き能力」に影響を及ぼす要因の中では，教育的要因が，文化的要因や言語的要因より，関連が強いことがみられた．調査結果の中，顕著な点は，漢字の書き取り力が弱いこと，言語的要素を使いうる能力は学歴や地域によって大きな差はないこと，学歴の各段階の差異が顕著なことである．東北地方はほかの地域より得点が低く，市部は郡部より成績がよく，男は女より成績がよく，20～24歳が最もよく，年齢上昇とともに成績は下降，職業との関連では，農業，作業的職業は低く，公務・団体・自由業と事務的職業は高い，新

聞を読む者は，読まない者より著しく高い，などの特徴がみられた．ほかにも多くの興味深い結果をもたらした．

　後調査として，学校調査が行われた．その目的の1つは，基本的言語教育の修正にあった．調べる学年は，小学校5年から新制高校3年までとし，本調査で使ったテスト用紙の残りを使うということで，サンプルは約2700程度とした．第1次抽出は県単位とし，都道府県を生態学的観点に立ち，産業構造，新聞の普及率（1947年の資料），ラジオの普及率（1940年の資料）により3つの層に分け，各層から東京，長野，香川を選んだ．各都県の中で，生態学的方法によって地域を層別し，中・高校では公・私立，性別数，昼・夜などにより学校を層別し，数校を抽出し，抽出校の中で生徒を抽出し，テストを行った．準備調査をし，問題を推敲して，実調査に臨んだ．学校調査の結果では，問題間の相関，テストの得点と学校内得点との相関，「読み書き能力調査」結果との相関などを調べ，妥当性，適応性，信頼性を調べたが，いずれも好結果が裏づけされた．

　読み書き能力調査を終えて　　今後，漢字の書き取りの力の養成方法，当用漢字のさらに合理的な決定，漢字の用法の合理化などに考慮し，このような調査を集団筆答以外の方法で数年おきに実施されることが望ましいと考えられた．

5.3　1950年代の意識調査・世論調査および，「国民性調査」をめぐって

　前節で述べた「日本人の読み書き能力」調査の少し前から，「世論」の調査を行おうという動きがあった．当時，「世論」とは何か，という議論も活発に行われ，一方では，「社会的事象を十分に理解した人々によって構成された意見」という考えもあったが，他方では，「社会的事象への理解の程度にかかわりなく，いかなる意見でも全体として，世論を構成するものという意見」があり，前者は主として左翼主義者，社会学者，政治学者の意見であり，後者は心理学者や数学者の代表的な考えであった（輿論科学協会, 1970）．林知己夫は，「information を与えるような，ある集団の示す意見，見解ないしは態度 behaviour を調査することを世論調査と考えてよいかもしれない」（林知己夫著

作集編集委員会, 2004) といっている．

「読み書き能力調査」の以前，1946年頃から，新しい民主政治をという，国民の期待もあり，世論が尊重されるようになって，世論調査機関が相次いで60数社も設立されたが，その大半は間もなく姿を消している．輿論科学協会は，1946年に創立され，翌47年，都長官（都知事）選挙の予測調査を行った．この時，はじめて，無作為抽出法によりサンプル500人を抽出，訪問面接法で調査を行い，回収率は95％，結果は，その予測通り安井誠一郎が当選，しかも誤差は小数点以下であった．これは，ほかの下馬評では上がっていなかったことで，無作為抽出によるサンプルの選定が歪みのない結果をもたらすことを示すものとなった．これ以後，輿論科学協会による政治意識に関する調査はしばしば行われたが，当初は，全国組織をもたず，新聞社も東京新聞とのみ連係が結ばれていた．

統計数理研究所も，「読み書き能力調査」以後，多くの調査にかかわった．1949年には，研究所が所在していた港区の区長選挙の予測調査も行った．ここでは，サンプルを2群に分けて，質問文の比較も行った．1951年には，都知事選挙の予測調査も行った．これは，投票締め切り直後から22時までと（当時は翌日開票），開票結果発表後，そして，パネル調査も実施し，予測はよい結果を示したが，この調査は平板な調査に終わった．この一連の調査後，選挙人名簿との照合を行って，自己の投票行動を，調査の際に偽って答えるものが25％程度（投票に行っていないのに行ったと答えた者が多かった）あることもわかった．統計数理研究所では，1949年以後，種々の調査を行った．国語研究所と協力して，言語生活の実態研究が行われ，1949年に八丈島，福島県白河市，1950年に山形県鶴岡市で共通語化過程についての調査，1952年に三重県上野市，1953年に愛知県岡崎市で敬語についての調査が行われ，面接調査のみではなく，各サンプルについてのパーソナリティ・テストなども併用し，また，聞き手としての敬語に対する反応を集合調査でスライドをみせ，プログラム・アナライザーを用いて調べることなども行った．そのほか，自然保護の観点から，森林調査（地域を抽出し，その地域内の針葉樹の標高直径の測定などから樹木量の測定），火災の危険度調査，雑踏（東京の花火大会における人々の流れ）の調査，信号調整のための交通量の調査，女性の服装色の調査（以後

毎季ごとに実施）など，種々の調査，研究が行われ，統計的な分析がなされた．それは静的な状況を把握するだけではなく，常に統計的な解析を行いつつ，将来へ向けての予測に言及するものであったことは，この時代の調査として，先駆的なものであったといえよう．さらにこの間，調査法についての吟味研究も多数行われている．1950 年代から 60 年代にかけて，意識調査，世論調査など，個人を調査対象として行う調査では，ほとんどが訪問面接調査によって行われていたので，その際に起こる種々の歪み（質問文の問題，回答方法の問題，調査員の問題など）についてや，面接調査における回答の安定性の問題，無回答の分析，調査不能者についての分析など，研究が多数なされていた（西平, 1955 など）．さらに，サンプリングに関する研究（林他, 1955 など），そのほかの調査法として，留め置き調査に関するもの，郵便調査法について（多賀, 1955）など，調査法に関しても多くの研究が行われていた．

なお，この時期に行われ，後にも大きな影響を及ぼし，多くの人々の研究対象となった調査に，国民性の調査がある．

国民性の調査　これも，統計数理研究所においてなされている調査・研究であり，1953 年に全国調査が行われ，以後，現在まで，5 年ごとに，この調査は行われている．

この調査は，その当時までの解釈的，説明的な論とは異なり，「行動の予測という観点から，漠然といわれている国民性の 1 つの限定された面を取り上げ」，「主として，ものの考え方，見方，感じ方というような問題を取り上げ」，実証的に解明しようとしたものであり，（林知己夫著作集編集委員会, 2004）このような問題に関しての計量的研究は，はじめてであった．調査は，訪問面接調査で行うこととし，全国で，20 歳以上のすべての国民を調査対象と考え，「読み書き能力調査」の場合を参照し，全国の区市郡を層別・抽出し，その中をさらに町村で層別し，地点を選び，そこからサンプルを無作為で抽出するという，層別多段ランダム・サンプリングでサンプルを選び，調査を行った．ここでは，一応，第 4 回（1968 年実施）までについて総括すると，調査地点は各回 150〜200 地点，サンプル数は各回 2250〜4000 人であり，調査不能は毎回 20 ％前後であった．これらの全国調査以外に，吟味調査などを各地で行っている．調査の誤差は，サンプリングや，そのほかの誤差を含めても，数 ％

におさえられるとみられた．これら全国調査のほかに，パネル調査，吟味調査などを織り交ぜ，その後，現在（2011年）まで，第12回調査を終えているが，このような長い期間に及んで調査を継続できたこと，さらに，この調査は，1970年代以降，外国における比較調査へと展開していったもので，このことは，第1回の時点での調査計画がかなり綿密であったからと考えられる．なお，1953年に行った第1回調査では，住民票からサンプルを抽出したが，1958年実施の第2回からは，選挙人名簿から抽出した．

調査項目を設定するにあたっては，できるだけ広い範囲から国民性の特徴を表す題材を選ぶよう，まず，国民性と関連のあるとみられる書籍・資料を探読し，推敲すべきと考えられる項目を含む文章などをすべてカードに書き出し，3000枚に達したカードを分類し，家族関連，男女の差異，身近な社会に関すること，政治問題に関すること，一般の社会的問題，日本人・人種に関して，個人の生活信条，宗教関連などにまとめ，その中から，調査に適うような項目を選び，約100項目に絞り，訪問面接に適合する質問文を作成し，これらを都内23区で行った準備調査の結果でさらに選択し，最終決定をして，質問票を作成した．なお，第1回調査（1953年）につくった調査票は，その後，多少の変更を加えたが，1968年までは，ほぼその調査票に準拠したものを用い，1973年以後には，継続している調査票と，新規の調査項目に重点をおく調査票とを，2分した被調査者にそれぞれ行ったこともある．回収率は1950年代は80％台であったが，その後は次第に下降し，1983年度では約75％であった．

結果の概要　　ここでは，一応，1968年実施の第4回までの総括として，次のようにまとめられよう．この4回を通して共通な質問項目は，17項目あったが，これらの中で，4回を通して，回答パタンが比較的類似のもの，大きく変化しているものなどが，明らかにみられた．その原因は，年齢構成によるもの，あるいは，時代的な変化によるものなどが考えられ，また，一貫して，変わらない回答パタンから，日本人の特性もみられた．人々の意見には，学歴が最も関連が強く，そのほか，性，年齢，居住地域（市，郡などの別）なども関連している（これらに関して，詳細は，統計数理研究所国民性調査委員会，1970参照）．後に，コホート分析により，回答の差異が，年齢によるものか，時代によるものかなどを明らかにしている．

なお，1952年には，日本社会学会が，尾高邦雄を中心とし，社会的移動について，6大都市で実態の調査を行い，さらに，6大都市と，そのほかの市部，町村との比較を行うために，全国調査を行った（SSM調査）（岡田他, 2007）．これは，1953年に行われた「国民性の調査」を参照してなされ，サンプリング計画，質問文の一部を共用したものであった．

5.4 予測調査，選挙予測調査

国民性の調査は，その後，長期展望の中に時系列的に捉えられ，また，外国との比較という空間的広がりの中にも研究が進められるが，この調査に前後してはじめられた，「予測」という観点からなされた調査と，その解析的展開を眺めよう．

予測の方法論について，林知己夫は，「数量化と予測の根本概念」に述べており（林, 1959），さらに，「予測に対するわれわれの狙いは『目的に対して妥当性ある知識』という観点から，『科学的方法によって正鵠を得た情報』…を与えることであり，この方法を鍛えあげることにある．…予測の方法論の厳しい鍛錬のためには…結果が明確に対応づけられるものをとりあげて研究することが絶対に必要である」といっている．そして，「このような観点から，われわれは結果のはっきりする犯罪現象における仮釈放の予測—犯罪者の将来の行動予測—や選挙予測，そのほか市場調査のある種の問題をとりあげて研究を進めてきた」と述べている（林・高倉, 1964）．「仮釈放の予測」は，1947年に，法務府中央刑務官練習所の西村氏によってもたらされたデータ（以前に勤務していた横浜刑務所の受刑者を対象に再犯の恐れのある受刑者の特性調査データ）を基盤に，仮釈放によっての成功，失敗を，種々の要因から予測する方法を開発したもので，後に数量化第Ⅰ類，第Ⅱ類，第Ⅳ類とよばれた方法である（Hayashi, 1952；西村・林, 1955）．

選挙予測調査　　選挙予測というと，当選者は誰か，各政党はどのくらいの支持を得るか，ということの予測が想像されるが，標本調査の結果に基づいて予測を行う際，各候補者の当落を確実にいいあてることは不可能であり，当落の確からしさの程度を，確率で表現するように試み，政党の支持率に関しても，

誤差の幅づけをして，発表することである．調査方法は，衆議院選挙の場合は各選挙区ごとに，参議院選挙や知事選挙の場合は各県の調査が必要である．この選挙予測は，統計数理研究所の林知己夫が，朝日新聞社世論調査室の調査実施に基づいて行ったものである．調査実施の時期は，推測値の安定性のために，2度行うことが望ましく，投票の2週間ほど前と1週間前とが想定された．衆議院選挙の場合，1955年，58年，60年では2回，63年は1回，約60地点，各地点のサンプル数800（全県1区では1000），参議院選挙の場合，1956年，59年と62年では，57～60地点，サンプル数は，序盤は1県につき600，終盤は1県につき800～1000であった．衆議院選挙の場合は，過去の選挙結果の政党支持率によって，郡の区分を崩さずに市町村を層別，参議院選挙の場合は，全国区，地方区に分け，地方区は1人，2人，3人以上の各区に分けて予測を考えることとし，各県内を市郡別，産業構造，政治率（過去の参議院選挙における保守，革新の比率）によって，区市町村を層別し，さらに，衆・参両議員選挙とも，投票区単位を同様にして層別した．サンプルは層内有権者数に対しての比例割り当て，1地点の標本数は12～14となるように層をつくり，有権者名簿から無作為抽出した．この抽出法での誤差は，無視できる程度であることは，「日本人の国民性」調査から推測できていた．調査項目は，各人の性，年齢，職業，支持政党のほか，投票する人を決めているか，決めていれば誰かを，候補者名簿を示さずに訊ねた．衆議院選挙では，この調査の結果から，各候補者の推定得票率を算出し，さらに，これを，過去のデータにより，調査での支持率と，選挙結果の支持率とは，3次曲線にあてはまる関係にあることの知識から，その曲線へのあてはめを行い，さらに曲線上の値と実際の値との差をほかの要因（所属政党，候補者の新，現，元の別，政党支持率など）との関連から，数量化第Ⅰ類による推定値によりこれをつめ，さらに，各選挙区の政党支持率の要因に関しての調整を加え，最終的推定値を算出する方法を用いた．参議院選挙においても，全般的には，同様の方法で推定値を算出するが，この場合は，1人区，2人区，3人以上の区，それぞれ別に推定値を算出し，全国区では，県別での3次曲線による推定値を加え合わせ，全国としての推定値をつくり，これと実際の値との差を，各候補者の終盤調査における順位，政党，経歴（新元現別），エキスパートの判定，序盤の調査支持率順位の項目からの，

数量化第Ⅱ類（外的基準は当落の2分類）の計算による数値で補正していく方法により，最終的な推定得票率を算出し，この値により各候補者の当選確率を算出した．当落に関しては，主観的判定が加わった方が，より効率がよいことがわかった．そして，各個人の当選確率から，各党派別当選者数を推定した．このようにして行った推定にも，多少のズレもみられ，調査の時期，調査の方法，さらに隠れた要因発掘など，今後の課題も見受けられた．

なお，知事選挙に関しては，参議院1人区の方法とまったく同一の方法でよいことがわかってきている（林・髙倉, 1964）．

5.5 1950～1960年代の調査の展開―市場調査，世論調査など

1950年代の終わり頃から，意識調査，世論調査は，盛んに行われるようになり，とくにリレー式計算機の導入(1957)とともに，数量化の理論は実用に供されるようになり，市場調査の分野も活発に動き出した．

1953年，鉱工業生産，そして，国民所得も伸びたが，54年は国際収支は大赤字となり，デフレの年となった．これを乗り切るために，一般企業で，市場調査を積極的に利用する傾向が現れ，調査機関への委託も急激に増加した．実際，メーカーやサービスの企業としての機能は，生産技術や製品のアイデアの展開とともに，販売促進も重要なことである．消費者側は，1つのメーカーだけではなく，数社のメーカーを比較し，選択するので，メーカーにとっては，他者の動向を常に探らなければならない．家庭生活の電気化も進み，耐久消費財や，医薬品の消費予測への期待も多かった．輿論科学協会では，1950年代の終わりに，購買活動の真の動機を探る質的な探求として，モチベーション・リサーチも行った．この調査は，動機づけ調査ともいうべきもので，人々の購買行動は，どのような心理的構造の下になされるのかを，種々の心理実験的調査によってみてゆこうというものであり，これを，大学の心理学研究室と提携して，具体的手法に関して研究を行った．市場調査は，消費者のニーズ，意向を正確に把握し，生産・流通面の効率的な運用に寄与するものであって，ビジネス活動に不可欠のものであり，広告効果の測定，販売促進，需要予測，製品化計画等の検討，市場調査法の研鑽など，種々の部門で研究が進められていっ

た．消費者（とくに女性）の，缶詰のラベルに対しての好悪の判断（購買意欲に関連する）から，パタン分類（数量化第III類の方法）が開拓されたのは，1955，56年のことである．ラベルに対しての好悪によるパタンは，数量化第III類の結果から類型化され，これと，被験者の属性との関係から，どのような地域，どのような集団に対しては，どういう傾向のラベルの販売が効率的かという示唆を与えることとなった．

一方，世論調査に関しても，多くの調査が実施されていった．当時住民票台帳，選挙人名簿の閲覧に問題はなかったので，20歳以上を対象とする場合は選挙人名簿を，それ以外の場合は住民票を閲覧して，サンプルの抽出を行った．全国調査の層別多段抽出は，「読み書き能力調査」や「国民性調査」がモデルとなって，一般によく実施されるようになった．内閣府も国民生活に関する調査をはじめ（1948年に第1回：このときは28都市の家事担当者2800のサンプル；配給台帳よりの無作為抽出，訪問面接法により，96.6％の回収率），以後，1954年，55年，そして，58年以後は毎年1回，調査機関（中央調査社など）に委託し，全国層別多段抽出，サンプルは2万人，訪問面接により実施してきた．1970年代までは，回収率は82〜85％程度であった．（なお，サンプル数は74年以降は1万人となった．）また，社会意識に関する調査も，1969年よりはじめられた．なお，1958年から，総理府（現内閣府）においても，全国の地域のデータが整い，全国層別の際の町村単位の資料が整備された．

NHKによる世論調査も，おおむねこの時期からはじまった．NHKにおける調査は，ラジオの聴取率調査が1948年から，テレビ視聴率調査が1954年から，訪問面接調査によって，調査員が前日の番組表を提示して聞き取る方法で行われていたが，調査の経費，手間が大きかったため，1971年からは，1週間にわたる日記式の調査票を留め置き，記入してもらう配布回収法に変更した．これらの調査から，テレビ，ラジオの視聴は，視聴者の生活行動に深い関係があることを見出し，人々の生活行動を1日の時間の推移とともに記録し，集計する「生活時間調査」を1960年から，5年ごとに実施することにした．この調査結果は，番組編成に役立てるのみでなく，広く一般の利用に供することとなった．なお，数量化の応用による視聴者の分析（堀, 1959），テレビ視聴者の嗜好の要因分析（堀, 1962）など，調査データに対しての，数量化の適用に

よる分析，研究も行われた．

なお，市場調査，世論調査にかかわる業界では，1970年代に入り，生活のさまざまな変化に対応して，価値観も大きく揺らぐ時代に，調査活動の基礎についての内省がなされ，調査の倫理をふまえて，マーケティング・リサーチ機関協議会（現日本マーケティング・リサーチ機関協議会）が発足した．

5.6 1970年代以後の展開—国際比較にむかって

1970年代に入り，日本における調査，とくに，「日本人の国民性」に関して，日本以外の国における意識と比較検討しようということがはじまった．意識の面での国際比較の意義について，林知己夫は，まず，われわれは，「彼我の間に起り得る生きたコミュニケーションにおける問題提起とその解明を志向するという意図を持つ」のであり，それは，「自らをよりよく知るための鏡としての比較，国際交流における…相互理解の方法を見出すこと」，「…ほかの文化を…感得，…享受し，我々の文化創造の糧と動因」とし，「他国の人々の日本理解を容易にする科学的手段を提供」すること，「…に繋がることを期待するものである」といっている（林・鈴木，1997）．そして，比較研究を行うにあたっては，対象の選定，分析のためのユニットを考慮することが必要であり，対象は，似ている相手から次第に異なったものへ，連鎖的に広げてゆくこと，分析のユニットとなる質問も，まず，人間共通と考えられる基本的感情，習慣，宗教感情から，近代社会に共通するものへと，連鎖的に広げて構成していくことが望ましいと考え，連鎖的調査計画・分析法と名づけ（英文では cultural link analysis という）（林・鈴木，1997），こうした方法で推進することを考えた．

ところで，国際比較の場合，質問文も比較しようとする各国の言葉に翻訳しなければならない．まったく同じことを尋ねられているように翻訳質問文を作成するため，相手国との2ヵ国語に堪能な人に翻訳を依頼し，できた翻訳文をまた別の翻訳者に頼んで日本語に再翻訳してもらい，これと，最初の日本文とをつきあわせてチェックし，差異を検討すること，さらに，2ヵ国語を使える学生を折半し，2つのグループで，それぞれ別の言語で調査を行い，結果の照合をするなどして，最も適わしい翻訳質問文を作成していく．そして，被調査

表 5.1 統計数理研究所の国際比較調査

実施年	調査対象(日系人関係)	サンプル数	調査対象(各国全国規模調査)	サンプル数
1971	ハワイ在住の日本人	434		
1978	ハワイ住民(日系人を含む)	751	米国本土のアメリカ人	1571
1983	同上	807		
1987	イギリスのイギリス人	1043		
			(旧)西ドイツのドイツ人	1000
			フランスのフランス人	1013
1988	同上	499	米国本土のアメリカ人	1563
			日本人(A調査)	2265
1992	ブラジルの日系人	492	イタリアのイタリア人	1048
1993			オランダのオランダ人	1083
1998~1999	米国本土(西海岸)の日系人	346		
1999~2000	ハワイ住民(日系人を含む)	500		
2001~2002			中国(北京,上海)	1087,1042
			日本	787
2002~2003			中国(北京,上海,香港)	1062,1053,1057
			台湾	732
2003			韓国	1006
2004			シンガポール	1037

ハワイ調査はホノルル市のみ,中国は,北京,上海の中心市街のみ,ブラジルはサンパウロを中心とする地域

(吉野,2005)

者についても,日本の場合は,おおむね,層別多段無作為抽出によって選ばれているが,他国の場合,そのような選択はされておらず,たとえば,調査地点を確率抽出し,その中で,改良された割り当て法で,被調査者が選ばれている場合も多い.こうして選ばれた被調査者と,日本のような方法で選ばれた被調査者との間の差異についても,ある地点の中で,2つの集団の間に差異はないかの検討もした.このように,周到に検討を重ねて,国際比較調査を行った.この対象集団は表5.1の通りである.

これらの調査結果から,まず,属性項目,各質問項目ごとの回答比率が近いか否か,各質問項目に対しての属性項目の関連の仕方の相違,日本における継続調査に対しては,コホート分析により,回答の変化が,時代によるものか,年代によるものかなどの分析を行った.さらに,回答パタンについて,数量化

法などによる分析から，いくつかの質問項目に対する回答は，どのような意識構造から生じてくるのか，考えの筋道を探り，これについて，国際的な比較研究も行った．このような種々の細かい分析により，アメリカ人をはじめ，ヨーロッパの国々の人々，アジアの国々の人々と，どのような相違，あるいは類似性があるか，また，それは何に起因しているのか，それは変化をしてゆくのかなどを，計量的に細かく算出し，示していった．もちろん，これは，「国民性」の一断面を示すことにとどまるとしても，各国人の，宗教的態度や人間関係に関する意識や態度を，調査の結果から，このように，計量的に，科学的に，関連性や，思考の推移までを，国際的な広がりの中で，迫っていくことができたのは，調査と，行動計量的分析のそれぞれの精緻な研鑽の実りであるといえよう．調査の細かい計画，種々の分析方法，個々の興味深い結果については，吉野(2005)，統計数理研究所国民性国際調査委員会(1998)に詳しい．

なお，この時期には，内閣府においても，種々の調査が，国際比較をふまえて行われはじめた．たとえば，世界青年意識調査は，1972年から5年おきに実施され，日本だけではなく，韓国，アメリカ，イギリス，フランスなどと比較検討され，高齢者の生活と意識の調査も，1981年から5年おきに，韓国，アメリカ，ドイツ，イタリア，タイなどとの比較の中で，把握されるようになってきている．

そして地方自治体も，1970年代後半からは，専門の調査機関（たとえば中央調査社）などに委託し，各自治体における政治問題をはじめ，生活問題，高齢者問題，青少年，婦人問題などで，多くの調査が行われるようになった．

5.7 動く集団の調査

1960年代の後半には，意識調査だけではなく，新たに，動く集団の調査も，統計数理研究所の林知己夫によりはじめられた（林, 2004）．これは，いわゆる社会調査とは異質なものではあるが，大自然の中を駆けめぐっている動物の生態にせまり，その数を調べ，生態学的問題に対処するというもので，通常の名簿から被調査者を抽出して，質問を呈する調査とはまったく異なるものであるが，調査ということで，どのようにして対象集団を設定し，母集団を定めて

行くか，どのように抽出を行い，調査により真実の値に迫っていくかについて，熟慮と確率計算，繰り返しの実験と膨大な調査研究を必要とするものであった．外国においてもこの種の研究がなされてはいるものの，当時，モデルとして取り入れるものも少ない時代，日本においてこのような研究が行われ，実際に現実的な被害への対処をも行えたことは，まさに画期的なことであり，自然科学への統計の貢献を示すものでもあった．これは，1960年代の半ば，野兎の被害がきわめて大きい新潟県において，野兎生息数推定の必要が生じたことからはじまり，県庁農林部の援助を得て，調査がはじめられた．

調査の方法として，① 捕獲法，② 捕獲-再捕獲法，③ 足跡法，④ 足跡発見時間法，⑤ 被害法，などがある．（詳しくは，林他,1966参照）

① 捕獲法： 一定小地区を限り，野兎を捕獲し，これにより，ある大地区に存在する野兎数を推定する方法である．

② 捕獲-再捕獲法： 動く母集団（動物の集団）における総数推定の方法であり，英国において研究が盛んであるが，動物にはいわゆる縄張りがあり，小地域に分かれて住み着いていることもあり，日本では広い野山を駆けめぐる野兎の場合には，適さないことがわかった．

③ 足跡法： 雪山における足跡から，地域抽出法により，調べることに有効であることがわかった．

④ 足跡発見時間法： 異なった兎の足跡を発見するまでの時間（距離）を調べ，その間隔を調べて，兎の密度を推定する方法．

⑤ 被害法： 特定範囲の所に影響を及ぼす野兎の総数を推定する方法で，非確率モデル，確率モデルによるものがある．

これらの方法を開発，設定し，野兎のみならず，ツキノワグマ，エゾシカ，カモシカ，キタキツネ，キジ，ヤマドリなどの生息数の測定にも寄与した．

5.7.1 電話による調査とその問題点

1980年代の後半頃から，訪問面接調査は次第に困難になってきた．前述の内閣府の調査も1988年からは回収率が80％に及ばず，2005年以降は60％近辺にまで落ちてきている．このことは，まず，通常の給与生活者の生活パタンが変わってきたことも大きな要因であろう．終戦後から1960年頃までは，通

常，帰宅時間はそれほどに遅くなく，夜8時半から9時頃にはたいてい帰宅し，家族とともにくつろぎの時間をもっていた．帰宅時間は次第に遅くなり，80年代頃からは10時頃の帰宅も稀なことではなくなってきた．そして，人々の意識も変わり，調査などへの協力の意向は次第に薄らぎ，さらに，調査での家庭訪問は，疎まれるようになってきた．内閣府やNHK，新聞社など，よく認識されている調査主体の調査はまだ多少応答の可能性は高かったが，一般的に，不在，あるいは拒否による調査不能が増加してきた．80年代前半まで，世論調査，意識調査などは，ほとんど訪問面接調査で行われていたが，調査不能の増加とともに，留め置き調査（調査票を被調査者の家（主として家族の手元）においておき，自分で都合のよいときに回答を記入してもらい，約1週間後くらいにそれを回収してくる）や，郵送調査（調査票を郵便で送付し，回答記入後，郵便で返送してもらう）などの調査法が用いられるようになってきた．これらの調査法については，1950年代に行われた調査法の研究で，訪問面接調査と対比して，その差異について，細かく分析・研究されたものが少なくなかったが（たとえば，西平，1955, 1956, 1957, 1958, など），結論としては，訪問面接調査法は，被調査者との対面調査であり，調査員が面接して記録してくるので，調査員による歪みなどがあったとしても，留め置き調査法や郵送調査法より真実性が高いとされ，調査はほとんど訪問面接で行われていた．しかし，次第に，数回訪問しても被調査者に会えないことが多くなり，調査員の手当は増大し，多くの調査会社は経営上に問題を起こすようになってきた．とくに，内閣府などの大きな調査では，主たる調査会社の入札によって担当調査機関が決まるようになり，調査は費用削減をせざるを得なくなり，訪問面接は不可能となってきた．そこで，別の調査法として，電話法，インターネット調査などが用いられるようになった．

電話法（名簿法） 電話法は1990年代頃から検討が進み，まず，電話法の中でも名簿法といわれる方法が用いられるようになった．これは，住民台帳，あるいは選挙人名簿から，無作為に抽出したサンプルの電話番号を調べ，電話により，調査を行う方法である．これは，電話による調査ということで，訪問面接とは異なり，質問文のつくり方，量，その順番にも配慮しなければならず，そのための調査の歪みなどの検討が必要とされた．この方法では，被調査者の

抽出は従来通りであるが，抽出された人の電話番号はわからず，電話帳を探したり，それに掲載されていない場合は，葉書などにより問い合わせを行わなければならず，その返信率もあまり高くはなかった．当時，家庭用電話の回線数と世帯数との比較から，世帯における電話の普及率は95％程度と推定できたが，電話帳の掲載率は，全国で70％程度，都市部ではさらに低く，東京区部では50％程度と推定されていた．しかも，次第に掲載率は低くなってきており，とくに都市部，そして若年者の掲載率は低くなってきている．この状況を勘案すれば，電話調査の対象集団は，住民台帳（あるいは選挙人名簿）からの無作為抽出によるサンプル集団とは，明らかに歪みがあり，さらに，電話をかけても回答が得られるのは75％程度であるので，得られる回答者集団は，住民票などからの無作為抽出による集団とは大きな歪みがあることが考えられる．しかし，訪問面接の場合でも，若年者や壮年期男性では回答率が低く，回答者集団はサンプル集団とは歪んでいることを考えれば，電話調査の歪みは，これに近いものとも考えられた．実際，訪問面接と，このような名簿法による電話調査との回答パタンの違いは，あまり大きくないこともみられ，電話調査によるコストの削減を考え合わせれば，多くの調査会社では，電話調査に変えてゆかなければならなかったことが了解できる．とくに選挙予測調査では，衆議院選挙が300選挙区になったことから，これを従来の訪問面接調査で行うことは，調査員の動員，コストの面から，電話法に移行せざるを得なかった事情もあった．

電話法（RDD法—random digit dialing—）　名簿法によると，少なくとも，サンプルを抽出するところまでは訪問面接法の場合と同じであるが，電話番号の探索の操作で，2割以上の人，しかも都市生活者，若年者は著しく失われてゆき，さらに，都市部では，電話によっても回収率が低い（3割程度）ので，歪みは一層大きいことが認められた．その欠陥を補填するために考えられたのが，RDD法であった．RDD法では，地域に対応している上6桁をはずし，下2桁あるいは4桁を，乱数で発生させて定めておく．そして，調査の実施にあたって，サンプルを無作為に，あるいは割り当て法により抽出し，（たとえば，性・年齢・地域などの定められたカテゴリーに割り当てられたサンプル数が抽出されるように，）電話をかけてゆく，というような方法である．実際には，

電話番号によるデータベースの設定や，サンプルの選び方は，調査主体により異なるが，ひとたびこれが設定されれば，サンプリングに要する時間は，24～48時間程度であり，その後はすぐに実査に入れるので，調査の迅速性を満たすものとなっている．実際，訪問面接調査のように，多数の調査員を集め，訓練し，被調査者と面接できるまで，何度も訪問する必要もなく，調査にかかる費用ははるかに少ないことは，大きな利点である．このような実状から，朝日新聞では，1990年代頃から郵送調査の検討もはじめたが，2000年には電話調査に切り替え，選挙予測においても，300の選挙区の中，半分は名簿法により，半分はRDD法による調査とし，次第にほかの主な新聞社もすべて，RDD法に切り替えた．しかし，サンプルが調査対象集団の個体から等確率で抽出されたものとはなっていないことに留意しなければならないであろう．なお，電話調査に関して，面接法と比較した研究に林・田中(1996)，RDDの研究に前田・土屋(2001)，電話帳記載・非記載者について，山岡・林の研究(1999)，RDDサンプリングにおける稼働局番法の再評価について，島田の論文(2005)，その他，RDDについて，鈴木(2003)，谷口(2006)，佐藤(2006)がある．

5.8 インターネット調査の展開

1990年代後半以降，日本ではとくに市場調査分野を中心に，インターネット調査の利用が急速に広がっている．この背景には，インターネット利用者の急増とそれに伴うネット企業による調査業界への参入とともに，調査環境の悪化，たとえば個人情報保護法制定(2005年)による住民基本台帳閲覧の禁止や，人々のプライバシー意識の高まりによる調査協力の減少とそれに伴う回収率の低下などの影響があり，その代替策として，インターネット調査の利用に拍車がかかっている．さらに，ここ数年はとくに景気悪化の影響も加わり，クライアントからの調査コストの低減と調査結果までのスピードの要求が強まっていることも影響している．その一方で，インターネット調査そのものに対する比較検証の議論が希薄なまま，そのメリットだけがクローズアップされ，商業ベース先行でインターネット調査が普及しているのが現状である．日本マーケティング・リサーチ協会が行った第34回経営業務実態調査によると，調査手法

別の売上高構成比で2004年に12.0％であったのが2008年には19.9％，また主に受注ごとに企画・実施されるアドホック調査では，2004年の20.4％が2008年には35.1％とその比率を大きく上げてきていることからも明らかである．

そういった商業ベースでの利用が拡大する中，インターネット調査そのものに関する調査研究もいくつか進められている．大隅らは，安易なインターネット調査の利用に警鐘を促す一方で，調査環境の悪化とインターネット調査の誕生とその急速な普及を調査方法論のパラダイムの変化と捉えている．そして，今後インターネット調査の調査方式が一段と改善され，近い将来，調査方法の少ない選択肢の1つになることはまぎれもないと述べ，インターネット調査の標準化を求め，産学官を含めた調査研究の必要性を主張している．

なお大隅は，インターネット調査の利点，欠点について，次のように指摘している．調査の利点として，簡便性（簡単，使いやすさ），速報性・迅速性，調査経費の低減化，登録者集団のつくり方で回答率の上昇をみる，マルチメディア対応の調査票設計，回答行動の電子的追跡（トラッキングが可能）などがある一方で，欠点として，目標母集団が曖昧，登録者集団が不透明，回答の代表性が疑わしい，一般に回答率が低い，虚偽・代理など不正回答の混入の可能性，回答の制御・強制・誘導が起こりえるなど，その問題点を指摘している（大隅, 2002, 2006；大隅・前田, 2007）．

そのほか，別の観点からもいくつか調査研究が進められている．星野らは，医学研究分野で開発された傾向スコア（propensity score）を用いてインターネット調査の偏りを調整し，従来のサンプリング調査の結果に近づけることを目的に研究を進めている（星野・鈴木, 2004；星野・森本, 2007；星野, 2007, 2009）．

現在，とくに市場調査分野を中心にその利用が急速に進んでいるインターネット調査であるが，調査環境が変化する中，今後その他の分野の調査にも影響を与えていくことになるだろう．そのためにも，大隅らが述べているように，産学官が連携し，インターネット調査の実態を正確かつ客観的に理解，また実験調査を継続的に行い，体系的かつ科学性のある調査方法論の検証作業が必要であることはいうまでもない．〔本節の執筆は森本栄一による〕

5.9 社会調査の変遷をふまえ,今後の調査の展望へ

敗戦以後,日本の復興とともに,社会調査は,種々の方向に発展するとともに,できうる限り的確に,迅速に,社会の様相を把握し描出するよう,研鑽を重ねてきた.しかし,人々の生活様式,意識も変化し,調査は,当初考えられていたような方法で把握することは,次第に困難になってきているとみられよう.かつて,最も確かな方法であった訪問面接法も遂にほとんど消え去りつつあり,その後主流となってきている電話調査やインターネット調査については,ただ,結果がよい(予測が当たった)というだけではなく,方法の妥当性を科学的に追求していくことがさらに必要なのではなかろうか.科学的な社会調査の創始者ともみられる林知己夫は,「調査は, validity, reliability, adequacy ある,そして, reproducibility あるものでなくてはならない」といっている.今後,次第に新たな調査法について,実証的で科学的な検討が是非とも必要であろう.とくに,電話の場合,次第に携帯電話が普及し,家庭における電話の設置が異なった状況になることも想定して,将来に有効な方法を探索していくことも必要であろう.そして,結果に対しての行動計量的解析もさらに精緻なものが要求されてくるのではなかろうか.調査が,単なる仮説,検証のためではなく,見解をさらに広く深いものにすることができるように,妥当な解析とあいまって,社会調査のさらなる展開が望まれるのである.

文　　献 (刊行順)

読み書き能力調査委員会 (1951). 日本人の読み書き能力. 東京大学出版部.

Hayashi, C. (1952). On the prediction of phenomena from qualitative data and the quantification of qualitative data from the mathematico-statistical point of view. *Annals of the Institute of Statistical Mathematics*, 3(2).

林　知己夫他 (1955). 全数調査と抽出調査を併用する場合のサンプリングについて. 統計数理研究所彙報, 2(2).

西平重喜 (1955). 面接調査法の諸問題. 統計数理研究所彙報, 3(1).

西村克彦・林　知己夫 (1955). 仮釈放の研究. 東京大学出版会.

多賀保志 (1955). 郵便調査法について. 統計数理研究所彙報, 3(1).

西平重喜 (1956). 面接調査法の諸問題 (その2). 統計数理研究所彙報, 4(2).

西平重喜（1957）．面接調査法の諸問題（その3）．統計数理研究所彙報，5．
西平重喜（1958）．面接調査法の諸問題（その4）．統計数理研究所彙報，6(1)．
林　知己夫（1959）．数量化と予測の根本概念．統計数理研究所彙報，7(1)．
堀　明子（1959）．数量化の応用による視聴者の分析．NHK放送文化研究所年報1959．
堀　明子（1962）．TV視聴嗜好の要因分析．NHK放送文化研究所年報1962．
林　知己夫・高倉節子（1964）．予測に関する実証的研究．統計数理研究所彙報，12(1)．
西平重喜（1964）．面接調査法の諸問題（その5）．統計数理研究所彙報，12(1)．
林　知己夫・石田正次他（1966）．動く調査対象集団に対する標本調査について1―野兎数推定をめぐって．統計数理研究所彙報，14(1)．
輿論科学協会（1970）．輿論科学協会　二五周年誌　p.14．
統計数理研究所国民性調査委員会（1970）．第2日本人の国民性．至誠堂．
杉山明子（1984）．現代人の統計3　社会調査の基本．朝倉書店．
横山源之助（1985）．日本の下層社会．岩波書店．
飽戸　弘（1987）．社会調査ハンドブック．日本経済新聞社，p.3．
林　文・田中愛治（1996）．面接調査と電話調査の比較の一断面　―読売新聞社世論調査室の比較実感調査から―．行動計量学，23(1)．
林　知己夫・鈴木達三（1997）．社会調査と数量化（増補版）．岩波書店．
統計数理研究所国民性国際調査委員会（1998）．国民性七か国比較．出光書店．
山岡和枝・林　知己夫（1999）．電話帳記載・非記載者をめぐる諸問題．行動計量学，26(2)．
前田忠彦・土屋隆裕（2001）．日本人の国民性　2000年度吟味調査報告　―電話・郵送・面接調査の比較―．統計数理研究所　研究リポート87．
大隅　昇（2002）．インターネット調査．林　知己夫（編）（2002）．社会調査ハンドブック．朝倉書店，pp.200-240．
鈴木督久（2003）．RDDを巡る対話．マーケティング・リサーチャー，24(94), 50-57．
林知己夫著作集編集委員会（編）（2004a）．世論を測る（林知己夫著作集8）．勉誠出版．
林知己夫著作集編集委員会（編）（2004b）．心を測る―日本人の国民性（林知己夫著作集5）．勉誠出版．
林知己夫著作集編集委員会（編）（2004c）．野うさぎを数える（林知己夫著作集11）．勉誠出版．
星野崇宏・鈴木督久（2004）．傾向スコアを巡る対話．マーケティング・リサーチャー，24(97), 32-38．
島田喜郎（2005）．RDDサンプリングにおける稼働局番面の再評価．行動計量学，32(1)．
吉野諒三（2005）．東アジア価値観国際比較調査．行動計量学，32(2)．
大隅　昇（2006）．インターネット調査の抱える課題と今後の展開．エストレーラ，143, 2-11．
佐藤　寧（2006）．「電話（RDD）調査の課題」．第87回行動計量学会シンポジウム講演．
谷口哲一郎（2006）．世論調査の60年―電話調査の台頭―．よろん，98．
星野崇宏（2007）．インターネット調査に対する共変量調査法のマーケティングリサーチへの適用と調査の効果の再現性の検討．行動計量学，34(1), 33-48．
星野崇宏・森本栄一（2007）．インターネット調査の偏りを補正する方法について―傾向スコアを用いた共変量調整法―．日本マーケティング・サイエンス学会・井上哲浩（編）（2007）．Webマーケティングの科学―リサーチとネットワーク．千倉書房，pp.27-59．
岡田直之他（2007）．輿論研究と世論調査．新曜社，p.146．
大隅　昇・前田忠彦（2007）．インターネット調査の抱える課題―実験調査から見えてきたこと（その1）．よろん，100, 58-70．
星野崇宏（2009）．調査観察データの統計科学：因果推論/選択バイアス/データ融合．岩波書店．

Part III

応用領域

　第Ⅲ部で紹介する4つの研究分野に共通のモチーフは，これまでの行動計量学会を支えてきた政治学，医学，社会心理学，心理学の権威が「計量」的側面に照らして各分野を論述することにある．これは行動計量学が目指した目的であり，概念設定のために必要なことであった．第Ⅲ部では人間行動そのものを測定尺度の利用によって測定し，実証していくことの重要性が述べられる．行動計量学が異なる分野を越えてリエゾンするためには，ある現象をそれぞれに共通であり，確かな物差し（尺度）で測定することが重要となる．

　猪口孝は行動計量学からの刺激を受けて，計量政治学のさきがけとなり，まず第1に「アジア研究」に着手した（第6章）．そのほかにも政治が関与する行動計量的分析として選挙の投票行動の分析があげられ，これは政治社会学の一分野をなし，計量政治学の一翼を担っている．

　行動計量学が取り組んだ人間の心理的側面を測定する尺度の研究として最適な尺度の研究にはQOL測定尺度の問題がある（第7章）．長年にわたって，丸山久美子がコーディネイターとなり，「生と死」の行動計量と題するシンポジウムが開催された．QOL測定尺度の研究は計量心理学というよりも，医療分野から傑出した人材が投入されており，この領域の発展については医療診断学の草分け的存在となった宮原英夫が詳しく述べている（第8章）．社会心理学とマーケティングの分野からは木下冨雄がユーザーとメーカーの関係について，実証科学と科学方法論のコラボレーションを論じている（第9章）．現実のデータは変動が多く空中に浮遊するみえない塵芥のようなものであり，科学方法論は厳密で難解な部分がある．双方が一致することの方が珍しい場合が多々ある中で，行動を計量するための方法論を考える研究者とデータ作成者との相互関係において行動計量学的視点が如何に重要であるかを示唆している．

　以上の4章は行動計量学の適用における最も一般的な話題であり，行動計量学が如何に現場とリエゾンしているのかを明瞭に示す模範的研究分野である．

[丸山久美子]

6

国際比較政治研究と計量政治学

6.1 アジア研究と計量政治学

　本章は行動計量学の一分野，国際比較政治に焦点をあてた計量政治学について概観することを目的としている．ここで行動計量学とは，人間の行動を測定することを通して，その原理を把握しようとする学問分野である．計量政治学とはその中の亜分野で，政治行動を測定することを通して，その原理を把握しようとする．人間の行動とは，人間の全体ないしそれを構成する部分がみせる動きのことである．動きの中には，走るというような動きもあれば，視線が左に移るというような動きもあれば，また脳神経のどこかが何かに反応するような動きもある．根本的に重要なのはまず何らかの行動を観察の対象とすること，その行動を観察するにあたってできるだけ体系的に，実証的に行うことである．計量政治学が扱うのは，測定の対象である行動が政治的なものである（猪口, 1975）．政治とは「誰が何を，何時，如何に獲得するか」を意味する．あるいは「誰が誰を支配するか」を意味する．あるいは「希少資源の競争的獲得」である．言い換えると，政治とは大義名分をかざして，他人を従わせることである．そのときに，暴力の行使もあれば，説得による同調もあれば，賄賂による買収もある．時期的にはその萌芽期を看過することなく，しかも最近の状況までカバーしたい．計量政治学といっても分野的には膨大になっているので，その中でもアジアを対象とした研究との接点について詳説したい．

　アジア研究とは，欧米で発展した社会科学にとっては欧州的啓蒙的前提（学問の自由，とりわけ宗教や政治からの自由，合理主義や経験主義の考え）を貫

徹しにくい研究分野の1つとされ，例外として特異性を強調する分野，非欧米からは非欧米の劣等感を払拭する分野とされる．ある意味でアジア研究と計量政治学は両極にあるといっても過言ではない．アジア研究では歴史と文化が強調されるのみならず，観察対象を有機的全体としてみるという伝統が強い．それに，一つ一つの事象をその特有な文脈の中で捉えようとする．政治学でこのような考えをとる分野の1つは政治文化論である．政治は文化についての有機的な全体の一部を構成するものであり，その関連で政治を捉えることが生産的であるとする（Inoguchi, 2009a）．それに対して，計量政治学は個々の事象を大量に観察することを通して，何かしらの一般化を企図する．そこではややもすると，事象に結合している歴史や文化，その文脈的な意味合い，そして個々の構成要素の有機的な接合などは軽視されかねない．にもかかわらず，両者は水と油の関係にいつもあるわけではない．むしろお互いの存在とその有用性を発見してきている．本章はアジアを対象として計量政治学的方法で接近している諸研究をサーベイするものである．どのような分野でどのような方法がどのような成果をあげているかを鳥瞰しようとするものである．行動計量学というと，心理学，教育学，医学などがすぐに頭に浮かぶが，政治学も行動計量学的な方法を広範に使う学問領域であることを強調したい．計量政治学については猪口（1975, 2001a, b）を参照されたい．

6.2 選挙と投票

選挙と投票は計量政治学の得意とするところである．しかし，1950年代から次第に盛んになっていった研究は1970年代までほとんどが日本政治の選挙と投票に限られていた．京極純一や三宅一郎や綿貫譲治などが先駆者であった．20世紀第3・四半世紀，アジアで民主政治を実践していた国は非常に限られていたために，そして日本政治学者の関心は欧米の政治思想と政治史に集中していたために，アジアに日本政治学者の目がいくことはほとんどなかった．この意味で福沢諭吉の「脱亜入欧」は20世紀第3・四半世紀に貫徹したとさえいえる極端な状況を呈した（Inoguchi, 2001a）．選挙と投票を除けば，日本の政治を「生業」として教育研究する政治学者は日本中にほとんど存在しなか

ったのである.日本政治の分野はマスコミのみが扱う分野であった.マスコミは株や芸能などとならんで「水商売」の1つとされていた.学問的な研究は無理なだけでなく,望ましくないとさえ,思われていた.実際,この頃の日本政治学は政治思想史か政治外交史に偏っており,しかもその大半が欧米についてであった.

20世紀も第4・四半世紀に入って,民主化の第三の波(Huntington, 1996)が東アジア・東南アジアにも浸透し,それが一時的に退潮していく2000年代になってはじめて,アジアの選挙と投票についての体系的統計的なデータの収集が本格化している.しかも,日本だけのデータ収集分析が異常に長かった.日本の政治を比較政治の一分野として扱う場合でも,できたら欧米と比較したがる期間が異常に長かった.アジアの文脈で比較しようとする研究はずっと遅く,しかもその件数は現在でも圧倒的に少ない.猪口孝(1993-1994)編による『東アジアの国家と社会』は東アジア6ヵ国,日本,韓国,北朝鮮,中国,台湾,ベトナムを比較政治の主題として正面から扱った数少ない例である.選挙,選挙制度,投票結果などのデータの体系化では次にいたってようやく本格的に始動している.蒲島郁夫は日本のイデオロギーを念入りに分析した.小林良彰(1997)は東アジアの市民意識を調べ,政治制度への信頼などを明らかにしている.池田謙一(Laura *et al.*, 2010)は精力的にマスコミの影響などを選挙と投票について分析している.粕谷祐子(Kasuya, 2003)は東アジア・東南アジア諸国の選挙制度とその帰結を分析している.田中愛治ら(2009)は民主党の政権奪取過程を分析している.

6.3 価値観と規範意識

世論調査がアジアを対象にするようになったのは,20世紀第4・四半世紀に入ってからである.アジアとヨーロッパを比較していく方向にもっていったのは猪口孝・蒲島郁夫である.アジア9ヵ国,ヨーロッパ9ヵ国で市民の信念と態度について実証的に体系的に行い,英文学術書を計3巻刊行した(Blondel & Inoguchi, 2006;Inoguchi & Blondel, 2008;Inoguchi & Marsh, 2008).各国の市民を対象に地域的に,① 共通の政治文化があるか,② 市民の国家観は地

域別に相似しているか，そして，③ 市民はグローバル化を国家力と比べてどのようにみているかを調べた．アイデンティティ，信頼（対人関係と社会制度）と満足（生活と政治）を鍵概念として使い分析した．猪口孝・田中明彦・園田茂人らはアジア・バロメーター世論調査を毎年実施，毎年刊行した（猪口他, 2005, 2006, 2007, 2008, 2009）．これは民主化の第三の波に触発された世論調査とは別の文脈を探ろうとしているものであり，国際的にも最も比較世論調査の少なかったアジアをほとんどすべてカバーする画期的なものである．しかもアジアの社会科学者との共同でなされているだけでなく，毎年成果を刊行している点でもかつてあまりなかった研究になっている（Inoguchi & Fujii, 2008 ; Shin & Inoguchi, 2010 ; Inoguchi & Fujii, forthcoming in 2012）．

上記以外に，藤井誠二や徳田安春などが「生活の質」や「健康と信頼」について，さらに猪口孝が「環境と健康」について調査分析を進めている．これらの分野の研究は政治学というよりは医学，保健学，心理学，社会学，社会心理学などでより活発になされているが，政治学でも近年活発化していることを特記したい．

同時に，この分野では統計学の方法が豊富なデータと相まってふんだんに使われている．20 世紀第 3・四半世紀の半ば，1965 年に東京大学大型計算機センターが発足した．当時はプログラムも自力更生（研究者個人の工夫と努力による）であり，慣れないフォートランで書き，試行錯誤を重ねた．カードにパンチするのも自力更生であった．それに比べると，21 世紀初頭，多くの人が廉価で購入できるパソコンをもち，データは Web サイトからアクセスでき，統計的方法はかなりの程度自動的にできる仕組みが完成している．これをよしとするかどうかは別として，統計的方法も著しく進歩した．半世紀前にはクロス集計に加えて，因子分析と回帰分析を知っていれば，ほぼ足りた．現在は，質的変数の取り扱い，量的分析レベルの取り扱い，不足データの推定，多重共線形性の処理など，ふんだんに方法はある（R, SAS, SPSS, STATA, EXEL など）．どう使うかが計量政治学の問題となっている．

6.4 政治主体

政府組織（政治家や官僚）や民間組織（企業，利益団体，市民団体など）についての計量学的研究は近年着実に進んでいる．野中(1995)，村松・久米(2006)，曽我(2008)，伊藤(2008)などは，日本の行政組織（総理・内閣，与党，官僚機構）についてその中での接触頻度や折衝過程を体系的に調べあげ，単純な統計学的方法を使って影響力を分析している．さらにその分析は日本に限られている．辻中(2002)は利益集団を日本だけでなく，アジアや欧米をもカバーしている．利益集団といってもその態様はさまざまであり，比較分析は政治体制の特徴を垣間見させてくれる．

この分野ではデータが必ずしも豊富でないために，統計学的方法は初歩的なもの，たとえばクロス分析やスキャッター・プロット（散布図）に限られている．データを豊富にするためには100年間くらい，最高政治指導者がどのようなステップで登り続けたとか，全世界でデータ収集するようなことが必要になる．これについてはまだ体系的な収集はない．逆のデータはすでに収集されている．最高政治指導者が地位を失ったときにどのような運命をたどるかについて20世紀一世紀間で全世界の大量データを網羅的に調べ，正常，亡命，懲役，死刑の道がどのような要因が統計的に規定しているかの研究も出てきた（Goemans, 2008）．日本だけでも1890年からすでに一世紀余りの首相の運命をデータ化するのは容易であろう．

6.5 政治体制

選挙制度を軸にして世界の政治体制についての網羅的なデータ収集はRiley(2008)によって体系的になされている．広範な要因から民主化を予測するための世界中の国のデータを収集したのが，ヴァンハネン（T. Vanhanen）(1987, 1996)である．GNP，IQ，健康，農耕地など一見直接的には民主化に寄与しそうもない要因を綿密に調べあげ，大胆な知見を相関係数など単純な統計学的手法で明らかにしている．選挙制度については，リード（S. Reed）などを含む

チームで分析が網羅的になされている．選挙制度だけで選挙結果が規定されるわけではないのであるが，選挙制度によって規定される度合いがこのチームによってかなり精密に解明された．日本についても1993年に完成された選挙制度の改正の影響がどこまで選挙結果にみられるかについては論争が続いている．

　Mikami & Inoguchi（2008）は，民主制度がいかに崩壊していくかについてタイの2006年クーデタ前後（2004年と2007年）の世論調査データを分析し，特定の社会集団・制度（軍部）に対する信頼が非常に高く，民主主義についての信頼が微温的であるところにその決定的な構造的な要因があることを解明した．基本的に回帰方程式モデルを使い，権威主義，制度的信頼，政策の実行性，政策過程，所得，教育について，ほかの変数を固定して，1つの特定の変数をフロートさせてパラメータを推定することによって，その特定変数の相対的な比重を2004年，2005年，2007年について明らかにした．① 統治正当性については2006年以前から低下している，② タクシン首相のポピュリズムは政策実動性については高い評価を得ているが，③ 政治過程についての評価は大胆だが，乱暴という評価が悪夢的経験として市民に認知され，クーデタの受容性を用意した．

6.6　同盟ネットワーク

　同盟ネットワークについてはSmall & Singer（1982）やRussett & Oneal（2001）によって網羅的に収集されている．しかし，同盟は条約で国際法上存在していてもそれを活性化し続けないと半冷凍状態になりかねない．そのような活性化のシグナルを体系的に収集し，分析したものの1つとして，猪口（1970；Inoguchi, 1972）は中国，ソ連，北朝鮮の同盟関係の実際の推移を，共産党機関紙に掲載された最高指導者の間の書簡から体系的に内容分析した．書簡の長さ，書簡が載る紙面（第1面かそうでないか），アピールする政策スローガン，最高指導者間のよびかけなどを数量化第Ⅲ類を使って緊密度とその推移を測定した．いうまでもなく，同盟関係は市民のもつ感情に大きく左右される．

　世論調査から得られる友好度はどのような要因によって規定されるかを多重

回帰分析したものの1つが，Goldsmith, Horiuchi & Inoguchi(2005)である．アフガン戦争（2001年）後，世界各国が示した対米友好度がどのような要因（同盟関係，米国援助，テロ事件経験など）によって規定されるかを示した．同盟関係の存在だけでは対米友好度は決まらないことを示した．田中明彦(2007)はアジア・バロメーター世論調査データを使ってアジア国際関係の緊密度を体系的に図化することによって，二国間関係だけではわかりにくい地球システム全体の中での比重を示すことに成功した．

6.7 交渉過程と結末

交渉は過程であり，結末をもつ．日本とソ連のサケ・マス漁業交渉についてモデル分析を行ったのが猪口孝・宮武信春（Inoguchi & Miyatake, 1978, 1979）である．2つの異なるモデル，1つは過去にさかのぼって当初日本の提案量と日ソ前年の交渉妥結量，そして太平洋サケ・マスの母川に戻る2年のサイクルなどを独立変数にして当年の日ソ妥結量を多重回帰分析で予測した．もう1つは状態空間を想定してその中でどのような変動を示しているかを示した状態空間モデル分析（state space）を使った．これは制御工学や経済学などで使われる時系列分析モデルの1つで，状態変数（ここでは妥結量）が時点 $t-1$ の状態移行ターム以前の遅れのついたインパクトとランダム・エラー・タームで規定されると定式化し，最尤推定法で解く形をとる．どちらも交渉自体が決着する前になされた学会報告の予測数字が交渉妥結量とあまりにも近似していたくらい，正確な予測ができた．交渉というと，力関係が押し合い，引き合いして決まる政治力が前面に出やすいが，一定の構造，一定の状況の下では，この漁業交渉のようにきわめて自然資源のテクノクラティックな計算でわかるような形で規定されることも少なくないようである．

6.8 軍備拡張・軍備縮小

軍備拡張の古典的モデルはリチャードソン（L. F. Richardson）（Richardson, 1960）である．そこでは軍備支出が過大になると疲れが出，相手方の軍備拡張

だけに反応して軍備拡張がほぼ自動的に緩和されるという定式化になっている．21世紀の米中軍備拡張の可能性についての1つのモデルは「高齢者による平和」(geriatric peace) という議論による (Haas, 2007)．21世紀に入り，人口増加がアジアの一部でも収まりはじめ，すでに人口減少を経験している日本，韓国，ロシアに加えて，2020年頃までに中国もその人口減少の陣営に加わると推定されている．それに対して，2050年になっても人口増加の一途をたどると推定されているのが，米国とインドである．中国はすでに激しい所得格差がさらに増大しているのみならず，社会安全網のまったくない人（官僚や軍人プラス裕福な人を除くすべて）の割合が非常に多く，社会政策支出を格段に増加しないと，社会的亀裂がさらに激化することが眼にみえている．しかし，同時に外国に侮られないように，軍備支出は確実に増大している．東アジアで米国は航空母艦集団の倍増，ミサイル防衛の構築などを軸として対抗しようとしている中，中国がどのように出るかが注目される所以である．銃砲と医療のゼロサム化が問題になり，「高齢者による平和」をどのように導くのかがテストされるかもしれない (Inoguchi, 2009b)．

6.9 政策路線変更

　政策路線変更は大抵シグナルを出して行う．シグナルはファンファーレを伴った大演説ということもあれば，ひっそりと気づかれないように仄めかすだけのこともある．さらには別々の論客が論陣を張り，その是非が政治的闘争を経て決着ということもある．中国などでは大演説がそのシグナルであることが少なくない．最高指導者が政治生命を懸けて大博打に出るからである．鄧小平による改革開放政策路線の発表はそのようなものの1つだったろう．ベトナム戦争の進展を眼前にして戦わされたといわれる羅瑞卿と林彪の論戦は通常戦争のための通常兵器強化とソ連との協調が前者，後者は遊撃戦争の重要性とソ連との対決といわれる．後者が勝利し，文化大革命へと中国は突入したとされる (Ra'anan, 1968)．

　改革開放時代でも経済政策路線の変更は意外にも似たような形で表現されていることを体系的に実証したのが田中修(2007)である．財政や金融を緩めるの

か，引き締めるのか，規制を緩和するのか，厳しくするのか——ほとんど決められた熟語で表現されるという．このような政権路線変更の分析に使われる方法として内容分析（content analysis）と言説分析（discursive analysis）がある．前者は計量政治学に親近性があるが，後者は言説学的論理分析に親近性をもつ（Miyaoka, 2004）．

6.10 展　　　望

国際比較政治学と計量政治学は親近性が低いと考えられてきたが，本章でみるかぎり，意外といってよいほどその関係が近年強くなってきている．政治学の中でも，統計学的方法の適用が数多くみられるようになっているだけでなく，欧米に偏見の反映ともみられる「脱亜入欧」的意識で政治を考えている政治学者がようやく減少しはじめていることもいくらか，そのような趨勢に貢献しているであろう．行動計量学会の萌芽期にこのような未開拓の分野に足を踏み入れた先駆者の1人としては，嬉しい限りである．一抹の寂しさがあるとすれば，第1，計量政治学が政治学の中でそれほど爆発的には増大していないこと，第2，地域研究（人類学，社会学，歴史学などを軸とするような）としてのアジア研究の中ではこの趨勢があまり大きな刺激を与えるようにもみえないことである．

文　　献（刊行順）

Richardson, L. F. (1960). *Statistics of Deadly Quarrels, Pacific Groove*. Boxwood Press.
Ra'anan, U. (1968). Peking's foreign policy 'Debate', 1965-1966. In : Tsou, T. (ed.) (1968). *China in Crisis, Volume 2: China's Policies in Asia and America's Alternatives*. University of Chicago Press, pp. 23-71.
猪口　孝（1970）．国際関係の数量分析，北京，平壌，モスクワ，1961-1966年．巌南堂．
Inoguchi, T. (1972). Measuring friendship and hostility among communist powers : Some unobtrusive measures of esoteric communication. *Social Science Research*, 1(1), 79-105.
猪口　孝（1975）．計量政治学の問題と展望．統計学会誌，39-60．
Inoguchi, T. & Miyatake, N. (1978). The politics of decrementalism : The case of Soviet-Japanese salmon catch negotiations, 1957-1977. *Behavioral Science*, 23(6), 427-769.
Inoguchi, T. & Miyatake, N. (1979). Negotiation as quasi-budgeting : The salmon catch negotiations between two world fishery powers. *International Organization*, 33(2), 229-256.

Small, M. & Singer, J. D. (1982). *Resort to Arms : International and Civil Wars, 1816-1980.* SAGE Publications.
猪口 孝 (1990). 交渉・同盟・戦争―東アジアの国際政治. 東京大学出版会.
Huntington, S. (1991). *The Third Wave : Democratization in the Late Twentieth Century.* University of Oklahoma Press.
猪口 孝 (編) (1993-1994). 東アジアの国家と社会 (全6巻). 東京大学出版会.
野中尚人 (1995). 自民党政権下の政治エリート―新制度論による日仏比較. 東京大学出版会.
Huntington, S. (1996). *The Clash of Civilizations and the Remaking of World Order.* Simon and Schuster.
蒲島郁夫・竹中佳彦 (1996). 現代日本人のイデオロギー. 東京大学出版会.
小林良彰 (1997). 現代日本の政治過程:日本型民主主義の計量分析. 東京大学出版会.
Inoguchi, T. (2001a). Democracy and the development of political science in Japan. In : Easton, D., Gunnell, J. & Stein, M. (eds.) (2001). *Regime and Discipline.* University of Michigan, pp. 269-293.
Inoguchi, T.(2001b). Area studies in relation to international relations. In:Smelser, N. & Baltes, P.(eds.) (2001). *International Encyclopedia of Behavioral and Social Sciences Vol. 2.* Elsevier, pp. 707-711.
Reed, S. (2001). "The causes of political reform in Japan" and "The consequences of electoral reform in Japan" both with Michael F. Thies. In : Shugart, M. S. & Wattenberg, M. P. (eds.) (2001). *Mixed-Member Electoral Systems : The Best of Both Worlds?* Oxford University Press, pp. 152-172 and 380-403.
Russett, B. & Oneal, J. (2001). *Triangulating Peace : Democracy, Interdependence and International Organizations.* Norton.
辻中 豊 (2002). 現代日本の市民社会・利益団体. 木鐸社.
Kasuya, Y. (2003). Weak institutions and strong movements : The case of Estrada's impeachment in the Philippines. In : Baumgartner, J. & Kada, N. (eds.) (2003). *Checking Executive Power : Presidential Impeachment in Comparative Perspective.* Praeager.
Vanhanen, T. (2003). *Democratization : A Comparative Analysis of 170 Countries.* Routledge.
Miyaoka, I. (2004). Japan's conciliation of the United States in the climate change negotiations. *International Relations of the Asia-Pacific,* 4(1), 73-96.
Goldsmith, B., Horiuchi, Y. & Inoguchi,T. (2005). American foreign policy and global opinion : Who supported the war in Afghanistan? *Journal of Conflict Resolution,* 49(3), 408-429.
Inoguchi, T. *et al.* (eds.) (2005). *Values and Life Styles in Urban Asia:A Cross-Cultural Analysis and Sourcebook Based on the Asia Baromater Survey of 2003.* SigloXXI Editores.
猪口 孝他 (編) (2005). アジア・バロメーター 都市部の価値観と生活スタイル―アジア世論調査 (2003) の分析と資料―. 明石書店.
Blondel, J. & Inoguchi, T. (2006). *Political Cultures in Asia and Europe.* Routledge.
Inoguchi, T. *et al.* (eds.) (2006). *Human Beliefs and Values in Striding Asia: East Asia in Focus: Country Profiles, Thematic Analysis, and Sourcebook Based on the Asia Baromaters Survey of 2004.* AKASHI SHOTEN.
Haas, M. (2007). A geriatric peace? The future of U. S. power in a world of ageing populations. *International Security,* 32(1), 112-147.
村松岐夫・久米郁夫 (2006). 日本政治 変動の30年―政治家・官僚・団体調査に見る構造変容. 東洋経済新報社.

猪口　孝他（編）（2007）．アジア・バロメーター　躍動するアジアの価値観―アジア世論調査（2004）の分析と資料―．明石書店．
田中明彦（2007）．アジアの中の日本．NTT 出版．
田中　修（2007）．検証　現代中国の経済政策決定．日本経済新聞出版社．
Goemans, H. E. (2008). Which way out? The manner and consequences of losing office. *Journal of Conflict Resolution*, 52(6), 771-794.
Inoguchi, T. (ed.) (2008). *Human Beliefs and Values in Incredible Asia: South and Central Asia in Focus Country Profiles and Thematic Analysis Based on the Asia Baromaters Survey of 2005.* AKASHI SHOTEN.
Inoguchi, T. & Blondel, J. (2008). *Citizens and the State.* Routledge.
Inoguchi, T. & Fujii, S. (2008). The Asia barometer：Its aim, its scvope and its achievements. In：Moller, V., Huscka, J. & Michalos, A. (eds.) (2008). *Barometers of Quality of Life Around the Globe*：*How Are We Doing?* Springer, pp. 187-232.
Inoguchi, T. & Marsh, I. (eds.) (2008). *Globalization, Public Opinion and the State.* Routledge.
伊藤光利（2008）．政治的エグゼクティブの比較研究．早稲田大学出版部．
Mikami, S. & Inoguchi, T. (2008). Legitimacy and effectiveness in Thailand, 2003-2007：Perceived quality of governance and its consequences on political beliefs. *International Relations of the Asia-Pacific*, 8(3), 279-302.
Moller, V., Huscka, D. & Michalos, A. (eds.) (2008). *Barometers of Quality of Life Around the Globe*：*How Are We Doing?* Springer.
曽我謙吾（2008）．首相・自民党議員・官僚間のネットワーク構造．伊藤光利（編）（2008）．政治的エグゼクティヴの比較研究．早稲田大学出版部，pp107-130．
Tokuda, Y. *et al.* (2008). Interpersonal mistrust and unhappiness among Japanese people. *Social Indicators Research*, 89(2), 349-360.
Inoguchi, T. (2009a). Political culture. In：Sugimoto,Y. (ed.) (2009). *The Cambridge Companion to Modern Japanese Culture.* Cambridge University Press. pp. 166-181.
Inoguchi, T. (2009b). Demographic change and Asian dynamics：Social and political implications. *Asian Economic Policy Review*, 4(1), 142-157.
猪口　孝(編)(2009)．アジア・バロメーター　南アジアと中央アジアの価値観―アジア世論調査(2005)の分析と資料―．兹学社．
Inoguchi, T. (ed.) (2009). *Human Beliefs and Values in East and Southeast Asia in Transition: 13 Country Profiles on the Basis of the Asia Baromaters Survey of 2006. and 2007.*
田中愛治他（2009）．なぜ政権交代だったのか―読売・早稲田の共同調査で読みとく日本政治の転換．勁草書房．
Laura, M., Wolf, M. & Ikeda, K. (2010). *Political Discussion in Modern Democracies in a Comparative Perspective.* (Routledge/ECPR Studies in European Political Science) Routledge.
Shin, D. C. & Inoguchi, T. (eds.) (2010). *Quality of Life-Six Confucian Societies.* Springer.
Inoguchi, T. & Fujii, S. (forthcoming in 2012). *Quality of Life in Asia.* Springer.

7
「生と死」の行動計量
—QOL評価測定尺度の研究—

今日,行動計量学を支える医学・看護分野には「死の臨床」や「臨床死生学」「サイコ・オンコロジー」「緩和医療学」などがあり,それにつれて「生と死」に関する学問研究の方法も科学的実証性の豊かな成果が期待され,行動計量学的手法が歓迎されるようになった.その間のいきさつを詳細に述べる紙面はないが,学会において「生と死」の行動計量学シンポジウムが1992年から1995年に5回にわたって開催されたことは,きわめて画期的なことであった.

7.1 「生と死」の行動計量

現在では死生学や死に関する教育などは盛んに行われて発展しているが,1992年当時はまだ死に関する話題は多くの大衆や研究者諸氏から忌避され,ほとんどの人が生と死の話題がどうして行動計量学の課題になるのかに疑問をもっていた.当時の社会は「死にいたる病」として恐れられた「癌」や「院内感染」「エイズ」などの病気が蔓延し,病人の意識が鮮明なうちに「死」について,不安と恐怖を抱きながらも考えなければならないというメッセージが頻繁にもたらされた.皮切りは上智大学の哲学・神学のデーケン(A. Deeken)で,この問題に関心を抱いた人たちの多くはデーケン流のサナトロジー(死生学)から問題の糸口を探るヒントを得ていた.とにかく,当時の風潮は死の問題はタブー視され,彼らを取り巻く家族,知人の間では病人の枕辺ではなく,病床から離れたところで内々に死と生にかかわる話題がひそかに囁かれるばかりであった.「癌の告知」問題も病人本人にではなく,家族がそれを重く背負うことになった.このような社会状況の中では,「死の問題」は直接「死」と深い

関係がある医学や看護学の現場で真っ先に取り上げられた．死の臨床研究会が開催され，緩和医療学会，サイコ・オンコロジー学会が誕生し，それに伴ってQOLという生と死を評価測定する尺度の研究が盛んに行われるようになった．ここに，行動計量学と死生学が結びつく根拠がある．「生と死」の評価測定尺度構成の研究は行動計量学が第1に取り上げなければならない課題となったからである．

しかし，「生と死」の課題はあまり行動計量学者の関心を引く課題とはならなかった．それでもこの「生と死」の行動計量というシンポジウムは前述のように1992年から5年間，多くの研究者が自在に「生と死」に関する研究を論じあったことは貴重な体験であった．彼らは主に医学・看護学，若干の心理学者たちで，統計数理関連の研究者はこの問題に取り組むことにあまり関心がなかったので一足遅れた．行動計量学の創設者林知己夫がこの問題に関与したのは1992年で，「生と死」の課題ではなく，健康関連にまつわるQOL評価測定尺度の構築であった．林にとって「死」の問題は，彼の潜在意識の中ではあくまでもタブーの領域であり，行動計量学の学問分野で直截的に取り扱うことは生理的に受けつけなかったのだと思う．今にして思えば，かつてドイツの精神分析学者フロイト（S. Freud）が弟子のランク（O. Rank）が胎児の研究をすることに嫌悪を感じ破門した経緯と重なる．厳密な意味で，当時非科学的方法であった胎児の研究は，フロイトの意識の中では到底受け入れられない問題であったのだと思う．その意味で，林がQOL評価測定尺度の研究に関心を抱いたのは，健康と関連のある評価測定尺度以外には考えたくなかったのだと察する．

今，林が考える人間のモデルを吟味してみよう．心理学者のレヴィン（K. Lewin）は人間の行動B（Behavior）はその人間を取り巻く環境（E）と個人がもっている性格特性（P）との関数関係であるとして，$B=f(P \cdot E)$という行動の定式化を行った．

林（1993）が描く人間の健康行動の図式は以下である．

$$Y_i(t) = f(P_i, E_i, O_i, t) + \varepsilon$$

ここに，Pはその人のもつ特性・性格・心理状態・病態などの内的要因，Eは取り巻く環境・条件などの外的要因，Oは操作，医学的治療，心理的療法，

QOL などの評価測定尺度の改善，t は時間，ε は生態変動，測定誤差，バイアス，f は相互に関連しあう姿を表現する関数である．林は健康行動を評価測定するには QOL 評価測定尺度が最適であるとして，健康関連 QOL 測定尺度の構築を積極的に進めている．また，林は医学や疫学・保健学の分野に強い興味をもち，薬品の投与や心理療法，QOL の改善を積極的に研究することが，健康行動の一翼を担うと考えていた．これらの思考形式の中には決して「死」や「霊」など，筆者がこれから手がける課題は彼の目には入らなかった．多くの健康関連 QOL 測定尺度の研究は多岐にわたるが，健康関連 QOL（Health Related QOL；HRQOL）は生と死を対象に作成されたものではないので，対象者 1 人の個人的な主観的測定尺度ではなく，第 3 者を交えた意見も取り入れられなければならないが，基本的に本人が，（この場合は患者）健康でどこも悪くない，満足していると思っても医学的見地からみれば重篤な症状を抱えている場合，第 3 者は個人の心の奥底を推定するほかなく，きわめて測定困難な状態である．したがって，「生と死」に関する測定尺度項目はここには入らないことが原則である．

今日では，社会心理学分野でこの種の問題に宗教心理学的考察を入れて調査実験するようになった．死生観や生き方の価値観が異なる西欧諸国との比較考察が必須となった感がある．今日，ホスピス病棟の建築が盛んに行われているが，その思想はすべて西欧諸国のキリスト教系の思想から由来しており，東洋人に違和感がある可能性もあり，寺院の若手僧侶たちの積極的な弱者救済の道が開けてきた．社会心理学的研究の矛先も宗教の分野に及び，多くの調査データを輩出している．仏教系大学にホスピス学科が創設されるに及んで，ますますこの傾向に拍車がかかるものと思われる．

7.2 QOL の系譜

元来，QOL とは quality of life（生命の質，生活の満足度）の略語で 1960 年アメリカ大統領諮問委員会「市民の幸福を考える」で社会学者，経済学者などがこれまで多くの人々は物質的には恵まれた生活をしているのに，本当の幸福を得ているのかという問題を提示し，市民生活の量的側面ではなく質的側面を

考慮しなければ幸福は得られないという結論に達した．1968年にアメリカにサンダース（C. Saunders）のセント・クリストファ病院が設立され，そこで病人の生活の質的側面を重視する医療が提案され，それ以後QOLは医学の分野に浸透し患者中心主義の医学的治療に貢献し，とくに緩和医療の分野に浸透した．

当初，死に至る病や認知症の老人のQOLを測定することは可能であるのかという議論が医療従事者の間で沸騰した．QOLの構成要素はSchippers (1984)の4つの側面がまずは妥当であろうとした．すなわち，① 日常生活における作業能力，② 人間関係を維持する能力，③ 精神・心理的状態，④ 身体的快適さ，満足度，痛みの程度の処置である．WHO（世界保健機構）はこれらの要素を加味しながらQOLを軸としたこの分野の医療のあり方を普及させるために多くの提言をしてきた．ちなみにWHOの緩和医療に関する定義は以下である．

「緩和医療的ケアとは，治療を目的とした治療に反応しなくなった患者に対する積極的な全人的ケアであり，身体的痛みはもとより，他の症状の痛みをコントロールする側面は社会的・霊的（spiritual）な痛みの緩和である」

ここに，QOLの適用範囲が明確になったが，あらゆる分野の疾患の初期段階で，少なくとも精神・心理的要素は測定しておいたほうがよい．さらに，スピリチュアル・ペイン（霊的痛み，実存的痛み）は，「死」に対する不安や恐怖など，死に対するイメージ，死生観，宗教的態度と密接な関係がある．しかし，Schipperの精神・心理的状態は患者個人の性格特性を軸にした心理的構成要素を意味している．たとえば，痛みに対する鈍感さ，敏感さ，我慢強い人など，このような人格特性によって痛みに対する感受性が異なるので，痛みの感受性はきわめて個性的な要素をもっている．その意味において痛みの程度を知るためには患者の個性や感性を知悉し，肌理細かく分類しながら痛みの処置をしなければならない．

日本においてQOLは如何にして発展してきたのだろうか．1989年から1992年にかけて厚生省がん研究助成金計画研究「がん薬物療法の合理的評価法に関する研究（栗原班），石谷（1988）などの進行末期ガン治療；Quality of Lifeについて」という研究成果が発表され，QOLという評価測定尺度が末

期癌の患者に適用される可能性が提示された．以後 QOL の問題は萬代（1990），漆原（1991）らによって医学界に広まっていった．

このように複雑な「生と死」の問題を QOL 評価測定尺度で測定することは不可能に思えなくもないが，この問題に果敢に挑んだ例をあげて QOL 評価測定尺度による実証的分析を述べる．

7.3 QOL 評価測定尺度の実証的研究

医療分野が取り組む QOL 評価測定尺度の作成は，さまざまな医療分野，たとえば，循環器内科・外科，消化器内科，精神科などの病態に応じてその分野の医療関係者が作成するものであり，一般性や妥当性などは当初から考慮していなかった．ただ，その尺度がどれほどの信頼性をもつものであるのかとう基本的なルールだけは念頭にあり，因子分析や多変量分散分析などの多変量尺度解析を実施しながら，クロンバックの α 係数，スピアマン-ブラウンの信頼性係数などを用いて尺度の信頼性や妥当性を吟味している．

このようにして，生活の満足度を測る尺度であったものが患者の身体的・精神的満足度を測る物差しとして積極的に使用されるようになった．それと平行して社会福祉分野でも QOL 評価測定が浸透している．これまで，WHO の健康の定義は「① 身体的，② 心理的，③ 社会的に良好な状態であるとし，疾病に罹患していない状態ばかりか，いかなる衰弱もしているだけというわけではない」というもので，病気や環境やストレス状態などのほかに何かが健康に関与しているというものである．すでに述べたように，1998 年，WHO はそれまでの健康の定義に「精神性，霊性（spirituality）」の良好状態を加えた．そこで，WHOQOL 調査票にもこれまでにない精神的，霊的側面を取り入れた質問項目で調査を実施した．霊的というからには世界中の宗教家，ユダヤ・キリスト教，ヒンズー教，仏教の宗教家と QOL 専門家が共同研究会議を開き，切磋琢磨して霊的項目の作成を行った．ただし世界の宗教はこれだけではない．今日，テロの引き金を引いたイスラム教の宗教家が仲間に入ってはいない．そのほかの土着宗教（たとえば，日本では国民の半分を占める神道）などでは霊性という心的状態が，彼らの生活を支える価値観の形成に関与すること大で

あろう．それでは，現在用いられているQOL評価測定尺度の質問項目に第4の側面である霊的尺度項目はどのようにして組み込まれているのだろうか．

日本語版WHOQOL26によれば，「気分がすぐれなかったり，絶望，不安，落ち込みといったいやな気分をどのくらい頻繁に感じますか」という項目で，多くは人格測定尺度の中の「不安尺度」に関与する項目に類似している（田崎，中根1997）．宗教的尺度項目は分析の過程で削減されたものと思われる．

なお，WHOではスピリチュアル・ペインspiritual painをreligiousness, personal beliefs（SRPB）と考え，以下の7つの領域に分類している．

① 人生の目的，存在意義，② 贖罪，忘却，③ 信念，価値観，④ 自己が宇宙の一部であることの認識，⑤ 霊的な力の存在を実際に経験する，⑥ 過去，現在，未来にわたって，人生が調和に満ちていることを感得，仏教の教えでは，輪廻転生の思想，カルマの思想，文化的差異が顕著，⑦ 死と死に逝くことのイメージ，自己の死の質，死後の生命など．

日本人の感性に適合するか否かは不明であるとしても，「生と死」の評価測定尺度やスピリチュアリティという概念は上記の7領域に分類される．ただし，日本人には第2領域である贖罪意識，すべてが許されて忘却してしまうという楽天的な思考はない．

以下に述べるのは，スピリチュアリティに関する尺度項目を思いつく限り多くの言葉で表現してもらい50項目の質問項目を作成し，男女大学生300人に回答させた結果を因子分析などの多変量解析を施し，これらの項目の削減を行ったものである．その結果，最終的に残った尺度項目は16項目であった．それらを用いて行った1997年度の調査（男女大学生，人間福祉学科に所属し死生学の講義を履修している学生）のサンプル・サイズは男女合計285人（男子182人，女子103人），その結果によれば16の項目が9項目に縮減した．表7.1にその結果の詳細を記述した．以下に述べるSP項目とはspiritual pain（霊的痛み）の省略呼号である．

第1次元は個人の性格特性（私はいつも孤独である，私の未来は絶望的であるなど），（現状認識，性格傾向）

第2次元は死に対する感受性（人は死んでも生まれ変わる，死はすべての活動の停止であるなど），（死のイメージ）

7.3 QOL評価測定尺度の実証的研究

表7.1 SPスケールの信頼性係数（大学生）

	I	II	III
① 今の自分の生き方が気に入らない	0.615	0.143	−0.008
② いつも孤独であると感じる	0.826	0.096	0.002
③ 自分自身とむきあうことに不安を感じる	0.512	0.221	0.037
④ 自分には存在価値があると思わない	0.561	0.161	0.025
⑤ 死の恐怖に対して他者よりも強い	0.160	0.492	0.192
⑥ 死を意識したのは他者より早い	0.145	0.651	0.034
⑦ 自分の死について他者よりも多く考える	0.158	0.701	0.071
⑧ お守り・お札を大切にする	−0.023	0.032	0.507
⑨ 先祖の霊が見守っている	0.027	0.103	0.738
寄与率	0.355	0.286	0.264
信頼性係数	0.793	0.783	0.789

第3次元は宗教的スピリチュアル的態度（お守り，お札を大切にしている，先祖の霊魂が見守っているなど），（宗教・習慣）などである．

2002年度に行った調査は16の項目にダミー項目を9個加えて25項目で調査した結果，16項目が残った．それによると1997年度とは若干異なる内容となる．

第1因子は同様に個人の性格特性（私はいつも孤独である，今の自分の生き方が気に入らない，自分自身と向き合うのが恐ろしい，私の未来は絶望的である，心の苦しみを打ち明ける人がいない，人との付き合い方が下手である，自分の身に不幸が起こりそうで不安である）．

第2因子は信仰・宗教的価値観（人は死んでも繰り返し生まれ変わるものである，何が起ころうとも自分の信念を変えない，先祖の霊魂が見守っている，死んだら来世があるかどうかが気になる，お守り・お札を大切にする，死はすべての活動の停止で霊魂も消滅）

第3因子は日常的不安傾向（交通事故にあって死ぬかもしれない，路上で殺されるかもしれない，友人や家族と死について話す努力はしている）であった．この違いを総括すると1997年と2002年に起こった社会的現象と不可分に結びついている．

2001年9月にアメリカニューヨークにおけるイスラム過激派のテロリストによる飛行機自爆テロ事件が世界を震撼させた．この事情から，青年男女はい

表7.2 SPスケールの信頼性係数（嗜癖行動障害者）

	I	II	III
① 私はとやかく年齢を気にするほうだ	0.637	0.248	0.031
② 私は地位や財産，名誉を生きていく支えにする	0.675	0.060	0.031
③ 何か不幸なことが起こりはしないかといつも心配だ	0.612	0.310	0.074
④ 私は生きていく上で，名誉や財産にこだわる	0.679	0.027	0.024
⑤ 自分には存在価値があるとは思わない	0.168	0.717	0.078
⑥ 私の未来は絶望的である	0.150	0.898	0.152
⑦ 死はすべての活動の終わりである	0.298	0.098	0.682
⑧ 死んでしまったら，魂も含めてすべてが消滅する	0.076	0.216	0.855
⑨ 人は死んでも繰り返し生まれ変わるということを信じない	0.194	0.007	0.623
寄与率	0.466	0.414	0.385
信頼性係数	0.807	0.899	0.848

つ起こるかもしれない無差別テロ事件を警戒して神経質になったのかもしれない．しかし，1997年の調査と同様に第1因子を形成する質問項目は本質的自己，すなわち，魂の叫び，実存的不安感の強い人と弱い人を区別するような要素をもっていることに気づく．常に不安をもっている人は人生に対する態度が否定的である．彼らは，孤独感，絶望感，自己開示の不可能性，否定的現状認識を表す尺度項目に敏感に反応する．このような性格のもち主は，多くの場合，死に対する感受性や宗教的感受性も強いので，オウム真理教などによるテロリズムまがいの行為を神仏の名の基に正当化して実行するという恐ろしさを秘めている．

そこで，これらの調査をとくに16項目に限定した1997年度調査と同じ調査項目を用いて，2001年度にアルコール依存症患者，拒食症，薬物依存，家族依存などのいわゆる「嗜癖行動障害・共依存症」といわれる患者が通院する診療所の患者108人（男性28人，女性80人，平均年齢36.1歳を対象に調査を行った．その結果は表7.2に示すとおりである．

ちなみに，嗜癖行動障害とは共依存という社会病理現象から派生したアルコール依存症，薬物依存などの2次的嗜癖の基礎となる基本的な嗜癖行動障害と考える．酒やタバコを絶対にやめられず，病気を併発する類も嗜癖行動障害とはいえ，結果によれば，第1因子は現状認識と不安，第2因子は絶望と孤独，第3因子は死生観となってそれぞれのクラスターを構成する．一般の大学生

の結果と照合すると，嗜癖行動障害者の群が信頼性係数は高く，考え方も基本的に同一で，厳正に対する嫌悪感が他者への攻撃性を引き起こし，神も仏もないという厭世観が強い．

WHOQOL質問項目に，もう少し多くのこの種のスピリチュアルな項目を入れることが必要ではないだろうか．死にゆく人のための霊的充足感や満足度は非常に重要な糧となる．さらに老齢社会における介護・福祉現場では，多くの孤独な老人が1人取り残されたような形で施設の中に存在している．もし，弱者救済の気持ちを強くもつことによって医療福祉現場を活性化させることができるのなら，これらの職業に携わる人たちの魂の次元，人生に対する断固とした心情や危機に対して強くもちこたえることのできる強靭な魂のもち主であるかどうかを調査すれば，ほかの3つの要素，身体的，心理的，社会的苦悩に対す感受性をもっと幅広く捉えなおすことができると思われる．

7.4 おわりに

人は極限状態の中で，いかにその苦痛から逃れるかを自己の信念や価値観によって解決してゆくものである．それは必ずしも目にみえる形で現れるものではなく，かつ生死の境をさまよっているときに遭遇する臨死体験の情景でもない．

しかし，ともすれば，厳しい苦悶の状況の中で人が感じる最低限の叫びは，その人がこれまで生きてきた人生の中で最も愛し，信じる神のごとき存在者への救助の叫びである．鎮痛薬によって身体的痛みは治まり，人間関係も円滑になり，皆と仲良く暮らしている，社会的経済的にも，そこそこの暮らしができて何ほどの不自由もない．このように，人は衣食住足りてそれですっかり満足して安穏に生きてゆけるものであろうか．そこが人間と動物との相違である．人はどれほどの不自由もない暮らしの中で何かしら索漠として満たされない何事かを経験することがある．その苦しみのゆえに，人はこの地上からの消滅を願い，自殺念慮に駆られる．他者は不条理の自死という．とくに，思春期の青年や老齢期の高齢者，壮年期のワーカホリックな働き人にこの種の傾向が強い．それならば，いかにして，この種の苦悶から人は解放されるのだろうか．まず，

己をよく知ることである．若者たちはこの世には人間の力ではどうにもならないもう1つの眼にみえない大きな暗幕が引かれていることを悟るために，懸命に読書をしつつ先達の知恵にたのみ，かつ側近に存在する英知ある人に話しかけることである．猛烈な働き人は一度その仕事を放り投げて旅に出ることである．

　まったく関係のない旅先で知り合った他者と他愛ない話をして自らの心を空白にすることである．孤独と絶望にあえぐ老人は思春期の少年と同様にまず己の何たるかを知ることからはじめる．多くの体験が邪魔をして容易にそこから抜け出せない場合もあろう．しかし，問題は簡単なところにある．幸福の青い鳥は自分のそばに存在している．それをみつけよう．この自覚が大切である．実存的に生きるとはそのようなことをいうのである．

　かくして，行動計量学は人に知恵の何たるかを悟らせ，「ミネルバのふくろうは黄昏になって飛び立つ」がごとく，英知ある存在としての自己を磨いてゆく知恵を授ける学問である．人間の行動の原則を計測する学問は最終的に上記のような結論に達して，さらに先へ先へと進み行くべきものである．

　先の読めない時代であるからこそ，率先して先を読むことに努めようではないか．

文　　献　(刊行順)

Schipper, H., Clinch, J., McMurray, A. & Levitt, M. (1984). Measuring the quality of life of cancer patients : The functional living Index-Cancer ; development and validation. *Journal of Clinical Oncology,* **2,** 472-483.

石谷邦彦 (1988)．進行末期がん治療：Quality of Life について．からだの科学，142, 99-104．

栗原　稔（班長）(1989-1993)．がん薬物療法の合理的評価法に関する研究．厚生省がん研究所精勤計画研究報告書．

萬代　隆（監修）(1990)．Quality Of Life—QOL のめざすもの．リブロ社．

漆原一朗（編）(1991)．癌と Quality of Life．ライフ・サイエンス．

林　知己夫 (1993)．行動計量学序説．朝倉書店．

日本行動計量学会 (1992-1997)．月例シンポジウム 「生と死」の行動計量 (1-5)．日本行動計量学会運営委員会．

丸山久美子 (1997)．QOLD 評価測定尺度に関する基礎的研究 (1)．聖学院大学論叢，9(2), 139-156．

田崎美弥子・中根充文 (1997)．Medical Outcome Trust の調査票レビュー基準の紹介　Quality of Life 調査票開発のために．精神科診断学，8(4), 413-419．

丸山久美子・山本俊一・石谷邦彦・清水哲郎・田崎美弥子・山岡和枝 (1998)．特集　QOL を考える．

行動計量学, **25**(2), 61-92.

丸山久美子・加藤　淳 (2000). QOL測定における[死生観]の問題. 第1回QOL学会大会発表論文集.

丸山久美子 (2001). QOLD評価測定尺度に関する基礎的研究（Ⅵ）—Spiritual Painの測定可能性—. 聖学院大學論叢, **14**(1), 101-118.

丸山久美子 (2002). QOLD評価測定尺度に関する基礎的研究（Ⅴ）—QOL評価測定尺度の信頼性と妥当性—. 聖学院大學論叢, **15**(1), 75-87.

丸山久美子 (2007). 心理統計学—トポロジーの世界を科学する—. アートアンドブレーン.

丸山久美子（編）(2008). 21世紀の心の処方学—医学・看護学・心理学からの提言と実践—. アートアンドブレーン.

8

1960年代から21世紀にいたる計量医学発展の軌跡
―日本行動計量学会の歩みとともに―

8.1 はじめに

2007年に発足35周年を迎えた日本行動計量学会（以下行動計量学会と略記）は記念事業の一環として，新しい研究手法の発展，普及を企画する一方で，行動計量学にかかわる研究者数，専門領域の幅をどのように増やすかについて検討した（日本行動計量学会35年記念誌，行動計量学会，2008年9月発行）．1973年に設立された日本行動計量学会の歴史を紐解いてみると，初期の事務局は，東京大学医学部疫学教室（当時，山本俊一教授）にあり，社会医学，臨床医学から基礎医学にいたるまで広い範囲の医学研究者の参加があり，活発な議論が行われてきた．

行動計量学会の発足前に行われてきた行動計量学シンポジウム（1970～72年）で目立ったことは，多くの医学研究者が多数のアイデアやデータを抱え，それらをどのようにまとめるかについて具体的手段を探している姿であった．もちろん歴史ある日本衛生学会などでは特定のテーマに対して活発に議論が行われていたが，コンピュータ診断，モデルの作成，データ解析のような問題を扱う医療系の学会はその当時は1962年に設立されたME学会くらいしかなかった．日本内科学会や日本循環器学会ではまだ，コンピュータの利用や統計の利用は異端として少数派に甘んじていたため，1960年代後半から1970年代にかけて開催された行動計量シンポジウム，それに引き続く行動計量学会年次大会において，心理学や統計学で日常的に使われている手法に触発される点が大きかった．このようにして，それまで交流がなかった専門分野で個別に展開し

ていた研究手法は，行動計量学会の場を通じて関連する研究の共通の道具となっていった．「人間の行動を計量的に解明する方法論に主眼を置き，コンピュータと統計理論を活用しながら人間行動を説明する数理モデルを作成したり，関連するデータベースを構築したりする」という行動計量学の研究手法は，当時から，計量医学を究めようとしていた筆者らのニーズにまさに合致したものであったといえよう．

こういった経緯により，わが国における計量医学の発展は日本行動計量学会の発展と密接に関係していたといっても過言でない．

その後，コンピュータの進歩，研究の展開とともに医学・医療の問題に特化した新しい学会が相次いで設立され，今日では研究の発表の主な場として行動計量学会を選ぶ研究者が少なくなっているが，これは計量医学における行動計量学的アプローチ適用の限界を意味するものではない．行動計量学会としては，この学会に相応しい新しいテーマを次々に掘り起こして，ほかの学会では得られない活発で有意義な議論の場を提供し続ける必要があろう．ここでは，行動計量学会発足前の状況からはじめて，毎年の大会で取り上げられた医学関連テーマを中心にその変遷を眺め，わが国の計量医学発展の軌跡を展望することを試みる．

なお，本章で登場する研究者の中には筆者の先輩にあたる方も多いが，敬称を省略させていただいた．

8.2 医学研究の動向―1950年代から1973年までの展開

第二次大戦中に戦地で増山元三郎の推計学にふれた高橋晄正は，終戦後に臨床の場に復帰してから勉強を続け，1951年に同僚の土肥一郎とともに『医学及び生物学研究者のための推計学入門』を医学書院から，続いて1954年に，その増補版『医学・生物学のための推計学』を東京大学出版会から上梓した．本書第1章1節で詳述した，外的基準がカテゴリデータである場合の多変量解析の手法である「線形判別関数」，外的基準がない場合の多変量解析の手法である「主成分分析」，外的基準が潜在変数である「因子分析」といった多変量解析の手法，さらには，自己相関，各種検定，実験計画法などの統計的手法を，

医学的な問題に適用した例を多数集めて注目されたが，このような本は1950年代の時点では，ほかにみあたらなかった．1946年に公開されたペンシルベニア大学のENIACがまだ稼働していた時代であるから，執筆の基礎となった計算は，手計算か，せいぜい手回しのタイガー計算機で行われていた．11種類の免疫血清を対象とした重心法（セントロイド法）による因子分析は，1年がかりで計算したものといわれていた．数学的論理を用いた臨床診断が本格的に取り上げられたのは，鳥居，高橋，柏木による胆石による黄疸と胆道がんによる黄疸の区別を線形判別関数によって解析した報告（鳥居他，1954）がその嚆矢であろう．

1964年，高橋晄正の『新しい医学への道』が，紀伊國屋書店から出版された（高橋，1964）．この本の中で高橋は，それまでの教科書の記述や医師の経験を重視した医学から，臨床から得られる検査データを重視した医学，今日的な術語でいえば，EBM（Evidence-Based Medicine）を唱え，医学界に新風を巻き起こした．治療法の選択に際して，比較対照試験の結果に基づかなければならないことも明確に打ち出した．

データから診断名に到達する帰納の論理として，当時，わが国でも，欧米でもベイズの定理の利用が一般的であった．1965年，わが国で開催された第6回国際ME学会で，ラステッド（L. B. Lusted）は，ワーナー（H. R. Warner）らの先天性心疾患の診断実験を医学診断におけるベイズ定理の有効性の例証として提示した．これに対して高橋は，医師の診断過程のモデルとしては受け入れられるが，現実の臨床の場では，しばしば疾患の事前確率を決めることが難しいことを例示し，事前確率を考えずに（あるいは等しいと置いて），鑑別の対象となる疾患別に，ある症状の組み合わせがみられる確率が与えられたときに，疾患別にそのような組み合わせがみられる尤度を求め，それが最大の疾患を選ぶべきであると主張した（高橋，1969）．疾患の事前確率を使って，たとえば「のどが痛くて，熱が高い，鼻血が止まらない」という子供が，市中の一般診療所に行けば「感冒」と診断され，感冒患者がほとんど訪れることのないちょっと離れた白血病を専門にしている病院に行けば「急性白血病」の疑いと診断されるのはおかしいというのが高橋の主張であった．一般診療所では，感冒の事前確率が高く，白血病の事前確率が低いのに対して，専門病院では，そ

の逆であるために,このようなことが起きる可能性があり,診断にあたってはまず尤度を比較して,それから,事前確率を乗じて考えるべきだという主張である.筆者は,ここであげたような例であれば,目くじらを立てて議論しないでも,後者のようなアプローチで済まされるのではないかと考えているが,統計学の歴史を背負って一派をなしてきた研究者たちにとっては看過すべからざる違いがあった.高橋は一貫してこの考えにこだわり,1965年7月に,ニューハンプシャーで開かれた Gordon Conference に筆者と一緒に参加したときにも自説を開陳した.診断に尤度を使うという考えは,当時,ソビエトの研究者も提唱していた(高橋・宮原,1972).近年,現実のさまざまな統計的事象を取り扱う際にベイズ流の考え方の有用性が示されている.日本行動計量学会に発足当時から事務局を勤めた松原望(元東京大学)も本書第3章で,感度や特異度などと関連させて医学診断に対するベイズ統計の考え方をわかりやすく説明している.しかし,実際の診断への応用となると,事前確率の決定をはじめ,まだまだ解決しなければならない問題がある(松原,2008).もともと臨床診断は,統計的な推測の要素をもっているが,診断の根拠になる事前の知識は日々変化している.疾患の事前確率であれ,症状の条件つき確率であれ,診断の根拠にしたい精度の高い最新のデータはなかなか揃えられないのが実態である.現在の臨床診断の姿に,ベイズ統計がどのような形でアプローチできるのか,さらに詳しい解説が待たれる次第である.

　1970年代になると,高橋晄正だけでなく,日本各地に診断の客観化を目指す研究グループが立ち上がり,脳腫瘍,頭部外傷,心臓病,心電図,呼吸器,消化器疾患,腎疾患と多岐にわたる分野で診断実験を試みはじめた(高橋,1969;高橋・宮原,1972).日本医科大学の木村栄一らのグループは統計数理研究所の林知己夫,駒澤勉らと提携して,循環器疾患を対象に数量化第I類(2章参照)を使った鑑別実験を報告した.とくに,日本行動計量学会発足当時に理事をつとめた木村栄一は,循環器の伝統的な臨床教室でも中心となって活躍していたので,とくに強い影響を与えた.この時点で,その後展開される各種の統計モデルは,ほぼ出揃ってきたが,現在の目でみると,医師の診断論理を統計モデルに置きかえてみるという実験的要素が強く,医師と匹敵する的中率はもっぱらトレーニングサンプルを使って示されたもので,テストサンプルに

よる検証はほとんどなされていなかった．しかし，新しい息吹を医学会や社会に伝えるには十分なものであった．

以下に 8.3〜8.6 の 4 節に分け，計量医学の発展の動向を，日本行動計量学会年次大会の医学関連テーマの発表を通して展望する．

8.3 医学研究と多変量解析—1973 年から 1982 年までの展開

記念すべき日本行動計量学会第 1 回大会におけるパネルディスカッションのテーマは，「人間研究と行動計量学」であった．心理学の印東太郎，国語研究の野元菊雄に交じって，山本俊一（当時，東京大学疫学教室所属）が疫学の立場から，「健康事象の計量学」を論じた．医学の専門分野の中でもとくに社会事象との関係が深い疫学，公衆衛生学は，学会の誕生そのものにもかかわってきた経緯もあり，誕生当初は活発に議論が行われた．この大会の医学関係（一般テーマ）の話題も多彩であった（表 8.1）．

当時，現場で起きた問題をどのように取り扱ったらよいかを自分達だけで考えていた全国の研究者が，いろいろなバックグラウンドをもつ統計学者に知りたいことをぶつけて，自由に意見を交わすという雰囲気が溢れていた．座長を受けもった奥野忠一（当時，農林総合研究所所属）は，当時から増山元三郎，

表 8.1 第 1 回大会

一般テーマ（医学関係）　座長：奥野忠一・宮原英夫

No.	演題	発表者
1	マルコフ過程による心疾患の予後の解析	古川俊之，井上通敏，榊原博，北畠顕，堀正二，梶谷文彦
2	AMDCOX 法による心容積の計測について	早川弘一，山口巌，山本亀代治，黒川顕，木村栄一，林知己夫
3	多変量解析法による脳血管障害，殊に脳血管症発症予測	広田安夫，浅野長一郎
4	産科領域におけるミニコンピュータ診断システム	久保武士，郡司寿子
5	疲労自覚症状調査と身体疲労部位調査との対応について	岸田孝弥，大隅昇
6	精神分裂病と帰還増幅器の比較による考察	高瀬守一朗
7	確率モデルを用いたう蝕管理計画とその評価	郡司篤晃，花村和夫，小泉明
8	患者の受療行動と施設設備に関する研究	佐久間桂子，根岸龍雄
9	疾病制御に対するシステム工学的アプローチ—現象と問題点—	柳川洋，福富和夫

高橋晄正，柏木力らとともに医学・生物学研究に統計的視点を導入する活動を進めていたので，このような雰囲気を盛り上げるにはうってつけであった．奥野は，輸入米の毒性で話題になった黄変米の問題でも，昭和20年代後半，増山らとともに食糧確保を優先した農林省当局の安全性宣言に統計家としての立場から異を唱えていた．

この時代は，多くの医学研究者が，自身の得た科学的知識を社会に還元するのが当然の義務であるというような風潮が強く，医学関係のテーマだけに留まらず，評価尺度やエコロジーといった共通テーマでも積極的に発言していた．今日に比べて，大会における演題数が少なかったせいもあろうが，一度にセッションが1つだけ行われて，並行して行われるセッションがなかったので，他分野でどんなことが問題となり，分析にどのような手法が使われ，誰がそれを行っているかが，大会に参加すれば自然に耳に入ることになった．また具体的な医学データに基づいた議論が多く，コンピュータの性能がもっと上がれば，という期待も含めた議論が行われていた．

このような雰囲気は1974年，75年の第2回，第3回の大会にも引き継がれた．第1回の総会のパネルを同じ題目で第3回まで引き継いだ「人間研究と行動計量学」は，その都度パネラーのメンバーを変えて，行動計量学研究の具体例の提示を進めたが，そこで根岸龍雄（東大医学部成人保健学教室）が医学情報処理，古川俊之（大阪大学医学部，その後東大医学部に移動）がモデル構成および医学情報処理の立場から他分野との共同作業との期待を述べた．

20世紀から21世紀にかけて，大きな問題となっているわが国の人口問題，ヘルスケアシステムなどの地域医療，病院評価などの問題が取り上げられた（第3回行動計量学大会特別講演「世界の人口・日本の人口」黒田俊夫）．日本人口の将来予想は，その当時から，きわめて難しい作業であったが，医療分野にとどまらず国の将来に関する最重要情報であった．水俣病ををはじめとする多発する公害の計量的分析に取り組んだ報告も多くみられた（第2回セクションL「多変量解析による水俣病の解析」など）．SMONなど，発見当初は感染症なのか，公害なのかがわからなかった疾患もあり，これまでの疫学的手法の限界も考えられた．また，心理学の領域で発達してきた個人差，個体差の扱い，あるいは主観的な尺度の評価法に興味をもつ医学領域の研究者も多く，このよ

うな知識を求めて大会に参加する者も多かった．1949 年には，米国のブロードマン（K. Brodman）らは，身体的精神的異常の有無に関する 195 の項目からなるコーネル・メディカル・インデックス（CMI）を開発した．これらは，18 の項目に大分類されたものであったが，因子分析などの方法は使われていなかったため，東京大学医学部保健学科に所属していた青木繁伸（現群馬大学社会情報学部），柳井晴夫，鈴木庄亮（元群馬大学医学部）により，CMI の改定版として，相関の低い 10 尺度から構成された東大式健康調査票（THI）が作製された（青木他, 1974）．THI の尺度構成には因子分析，主成分分析，および，THI による心身症の診断には線形判別関数が使われていた．

1976 年に実施された第 4 回大会においては，山本俊一，浅野長一郎，古川俊之，三宅章彦，統計数理研究所の駒澤勉らの委員が尽力して「医学診断における分類と選択 I，II」および「医学・農学データの計量」という 3 つのセッションを構成し，いろいろな立場の研究者が発表を行った（表 8.2）．この時期はコンピュータの普及とともに医学研究で多変量解析が盛んに利用されるようになった頃で，使われる手法も，対象となる疾患も多岐にわたった．

臨床医学に利用される徴候（signs and symptoms）はきわめて多い．したがって，病気の診断や，予後の予測にあたって，その中から何を選んで使えばよいかという徴候の最適選択問題が多くの研究者の関心をひいた．症候選択論理をつくるのに使用したトレーニングサンプルで，論理の有効性を検証しているうちは，どの徴候を使っても高い判別精度が得られるが，テストサンプルを使う段階になると，選ばれた徴候によって差が出てくる．選ばれる徴候の組み合わせも，すべての場合にベストという組み合わせはなく，2 群間の判別と多群間の判別では違ってくるであろう．筆者らも，その当時からいくつかの方法を実験してきたが，どのようにして選ぶのが妥当か，まだ解決できないままに今日に到っているといっても過言でない．21 世紀に入ると，複数の徴候の相関関係をクラスター分析，因子分析を用いて分析する症状クラスター（Kim, 2005）という概念が導入された．

第 5 回大会も，それまでの大会同様，多彩な医学的問題が取り上げられたが，特別テーマに「薬効の判定」が加えられた．仮谷太一（当時，川崎医科大学）が「順序のある分類計数データによる薬効判定」を取り上げているが，当時は

8.3 医学研究と多変量解析—1973年から1982年までの展開

表 8.2 第 4 回大会

特別テーマ　医学診断における分類と選択（I）座長：古川俊之・駒澤勉

No.	演題	発表者
1	医師の意思決定	井上通敏，梶谷文彦，稲田紘，堀正二，武田裕，辻岡克彦
2	抗不安剤評価に関する逐次選択の一方式	大里栄子，小川暢也，城島邦行，浅野長一郎
3	わが国における脳卒中病型診断の地域特性 —因子分析による検討—	広田安夫
4	多変量解析による脳卒中のリスク・ファクターの検討法	辻岡克彦，嶋本喬，上島弘嗣，井上通敏，梶谷文彦，稲田紘，武田裕，阿部裕
5	一地域住民（久山町）における血清尿酸値の重回帰分析	岡田光男，竹下司恭，上田一雄，喜久村徳清，尾前照雄，広田安夫

特別テーマ　医学診断における分類と選択（II）座長：山本俊一・三宅章彦

No.	演題	発表者
1	臨床実践における論理性についての二・三の考察	寿田鳳輔
2	胃癌治癒手術症例の予後要因の探索	後藤昌司，松原義弘，中里博昭
3	出産曲線のパターン	伊藤高司，鈴村正勝
4	数量化理論による X 線心陰影の鑑別診断	水野杏一，山本亀代治，長沢紘一，林知己夫
5	日本および米・仏・独・伊・チェコスロバキアの精神病概念の計量的比較	林峻一郎

一般テーマ　医学・農学データの計量　座長：浅野長一郎・宮原英夫

No.	演題	発表者
1	生物学的年令に関する研究	高杉成一，加藤登紀子，谷島一嘉，古川俊之，柳井晴夫，井上通敏，梶谷文彦，稲田紘，武田裕，辻岡克彦
2	AMHTS における検査値および体力測定値に基づく健康指標算出の試み	稲田紘，井上通敏，堀正二，武田裕，辻岡克彦，梶谷文彦，高塚大志郎，網中実，古川俊之，高杉成一，古川博通
3	運動トレーニング効果の評価法	加藤登紀子，高杉成一，谷島一嘉，古川俊之
4	各種疾患の年令別発症と理論模型の検討 II	松原純子，富田宏
5	成人病の疫学に関する情報学的解析	白崎和夫，根岸龍雄
6	集団のなかにおける食物摂取パターンの相対的安定性について	丸井英二，豊川裕之
7	多収牧草の技術分析 —被験者を層別化した主成分分析による方法—	桃木徳博，柳井晴夫

分割表の検定方法をめぐって田口玄一が提案した累積度数（累積 χ^2）を利用した方法の妥当性について議論された．「無効」「やや有効」「有効」「著効」と効果の程度に順序がついている場合，薬の効果を投与群と，対照群との間で比較するとき，それまでは順序を無視して χ^2 検定されることが多かった．ある

薬の効果を調べる場合，従来の χ^2 法では，有意差が出ず，累積 χ^2 法では有意差が出るということがあり，どちらの方法が妥当かという議論がなされた．同じセッションで，宮原英夫はSLEの生命表分析を紹介し，長期間にわたって薬物投与をする際の薬効評価への生命表の利用可能性を示した．当時は，学術目的であれば，戸籍抄本まで容易に請求ができたので，大学という研究機関の利点を生かして，予後調査を可能な限り進めた．とくに死亡者については，その正確な死亡年月日まで同定できたことが少なくない．個人情報の保護が優先される現在では，この時代のような調査は難しくなったと考えられるが，少し調べれば結末がわかるような症例まで，打ち切り標本として処理しないようにする努力は必要であろう．

第5回大会で，主成分分析，因子分析，判別関数，コンパートメントモデルの医学データに対する適用が，医学関連のセッションで紹介され，一方の尺度構成・多変量解析のセッションでは理論的な検討がなされた．依然として大型コンピュータによるオフラインの計算が中心であったが，タイムシェアリングによる対話式の計算もはじまり，その例として人工知能（AI）の診断論理への応用も紹介された．この頃は，医学面から提供された共通の問題を多領域の研究者が考えるための場として行動計量学会が活用され，病的不安，身体能力の衰えの自覚，対人関係など，通常の医学系の学会では取り扱いにくい話題も提起された．

1979年の第7回大会ではパネルディスカッションとして「分類をめぐる問題」が取り上げられた．行動計量学の対象として分類の問題は多くの局面に顔を出す．その後，分類に対象を特化させた学会が行動計量学会と別に設立されたが，当時も今も医学領域における分類の重要性は変わっていない．MMPIのような人格テストによる性格のパターン分類，正常と異常，基準値と外れ値，国際疾病分類，アメリカ精神医学会のDSMなど，今でも分類は盛んに取り上げられている（宮原, 1985）．医学関連の発表も相変わらず活発で，その後わが国でも頻繁に議論されるようになったコックスの生命表回帰モデル（Cox, 1972）が，紹介された．

1980年の第8回大会で，古川俊之は「寿命」を取り上げて特別講演を行った．生物，とくに人間の寿命の問題は信頼性工学のテーマである機械の寿命に関連

し，ワイブル分布を用いた解析が行われた．さらに，暦年齢と生物学的年齢の乖離を見極める方法として，暦年齢を従属変数，血圧，眼，耳，腎機能などの生物学的指標を独立変数とした重回帰分析が行われたが，従属変数である暦年齢を連続的な変数でなく，20歳代，30歳代，40歳代，50歳代，60歳代，70歳代といったカテゴリ変数で表すことによって，20～50歳代の老化と60歳代の老化が質的に異なったものであることが見出されている（古川，1982）．

寿命を広くとらえると，結婚後の離婚年数などは，ワイブル分布に従うもので，行動計量学の格好のテーマといえよう．遺伝，老化，栄養など生物学的側面はむろんのこと，心理的，経済的，政治的側面なども加えて論じなければならない．一般セッションとしても社会医療，臨床医学，医療電子で多くの発表がみられたが，この頃の演題の特徴として，モデルの理論的な考察があげられる．また健診に関連した研究も盛んで，個人差の評価，計量化（丹後俊郎），多項目を使った健診法などが報告された．

この年，わが国で MEDINFO80 が開催されたが，1983年の医療情報学会設立までの揺籃期における医療情報研究者の活躍の場としても行動計量学会は重要な役割を担っていた．

1981年に開催された行動計量学会第9回大会の特徴は，普及しはじめたマイクロコンピュータ，ミニコンピュータを活用した研究が各分野でさかんに紹介されたことである．一寸前まで高嶺の花であった対話型診断，データベースの作成が医学分野でも現実味を帯びてきた．それまで大型コンピュータセンターでの計算が前提であって，利用が限られていたクラスター分析，因子分析などの多変量解析も，計算センターに行かなくても利用できるようになり，同時に進行した利用料の低下，記憶容量の増加，計算時間の短縮，SASやSPSSなどの統計パッケージの普及・整備といった技術革新に伴って，誰でも手の届くところまできた．髙見堂正彦と筆者らはそれまで次元数を減らすためにプロファイル単位で因子分析が行われることが多かったMMPI原版550項目をそのまま使って因子分析を行った（髙見堂他, 1983：1997）．MMPIの次元を落とさずに因子分析し，構成している項目がどのようにまとまるかをみたいというのが，筆者らの長年の希望であったが，いざできるということになり，実行してみると，項目数に見合った症例数が確保されていないという問題に直面し

た.また,大変な手間をかけて記入してもらったテスト結果を,受験者のために活用できたのかも気になってきた.北里大学では,入学時のMMPIテスト結果を留年や,退学の予測に役立て,その予防対策に結びつけたいなど,いくつかの具体的な目的を立てて,全項目に対して,あるいはプロファイルに対して検討したものの,当時の分析では,行動に結びつく結論を出すことができなかった.むしろ,MMPIのように普遍性を売り物にしているテストでは,特定の目的に利用しようとしたとき,所期の成果をあげにくいというのが筆者らの結論となった.MMPIは,一方で,結果の国際的な比較ができることを1つの特徴としていたが,それには質問項目が,原版のニュアンスを正しく伝えていることが前提になる(宮原他, 1986).MMPIは,その後,北里大学グループの中心であった小口徹らが複数存在していた翻訳版を見直して改訂版を上梓した.精神疾患そのものに対する分類が大きく変わり,個人の精神状態さえも大きく変わってきているが,今後の活用が期待される.

8.4 EBMと医学研究—1983年から1992年までの展開

第11回大会が開催された1983年4月に日本医療情報学会が設立されると,医療を中心においた話題の多くは医療情報学会に移り,本学会では統計的な側面など方法論の議論が中心となった.第12回大会(1984)では,医学・臨床のセッションは2つ用意され,例年のように多彩な話題が提供された.すでにエキスパートシステムの応用に関する発表は行動計量学会においては下火になっていたが,筆者らは,対象を選べば実用に供しうるシステムが構成できる例として,栄養指導介助システムを紹介した.当時盛んに論じられた介助システムの多くは,コンピュータの価格や性能に制約されることも大きかった.コンピュータの性能も価格も,またオンラインで参照できるデータの範囲など使用環境も格段に進歩した現在,栄養指導にコンピュータが使われているが,その根拠はまだ経験に置いている部分が少なくない.多様な食品をどのように組み合わせれば,必要なカロリーと栄養素,さらには満足できる味わいを確保できるかなどを取り上げることによって,今後,行動計量学会でも取り組むことができそうである(白鷹・宮原, 2000).

第13回大会が札幌で行われた1982年ごろは，人工知能とか第5世代コンピュータの話題が一般社会に喧伝されはじめ，この大会でもシンポジウム「人間行動と人工知能」が企画され，ニューラルネット，失語症や会話が取り上げられている．失語症は，脳の生理学，言語学，心理学，診断技術，統計処理，そのほか関連医学が絡み合う．それぞれの専門学会で活発に論じられていると思われるが，その後本学会では，あまり取り上げられていない．失語症の専門家の間では，標準的なテスト（SLTA）を1974年に制定し，改訂しながら臨床に使われているが，それに対する批判もある（梶野, 2003）．脳科学関連の話題は多いが，失語症は，嗅覚，視覚，聴覚に比べると，行動計量学会で取り上げやすいテーマである．運動性失語症，感覚性失語症という区別を，モデルではどう表現できるのか，現行の失語症のテストの項目はテストの目的にかなっているかなど，行動計量学会で議論できることがたくさんあるように思われる．

第14回は大会長を古川俊之が引き受けたこともあって，医学関連の専門家が多数集まった．特記すべきは，用意された多数のセッションのほとんどに，医学領域に軸足を置く研究者が顔を出して議論を行ったことである．とくに長期間の予後を問題にし，臨床試験で盛んに登場する「生存時間解析」が多角的に論じられた．これらの成果は古川（1982）によって紹介されている．

この大会では，小型コンピュータを使った診療支援システム，いわゆるエキスパートシステムに関連して「診断支援と医用電子」というセッションも企画された．1970年代アメリカでショートリフ（E. H. Shortliff）がMYCINを発表したのに刺激され，爆発的に研究が進められたが，膨大な関連情報を必要とする医学診断では，実用性をもつためには使いやすい大きなデータベースが前提となることは明らかであった．アイデアの提案としては面白いが，臨床の場にもってくるには難しい．事実，「診断支援と医用電子」というセッションでも，MYCINタイプのコンサルテーションシステムは輸液の介助の1報告に限られ，ほかはもっと広い視野からの分類や基礎的なデータの検討が中心であった．神沼二眞は同じ14回大会のナイトセッション「モデルの流行と偏向」でフィーバーという言葉を使ってこの問題を取り上げた．

医学関連の問題で特記すべきことは，博多で開催された第15回大会（1987）において，「薬効評価のための臨床試験」のセッションが設けられ，多角的な

議論がなされたことである．演者にはわが国の臨床試験のその後の展開に中心的役割を担った人々が顔を揃えた．多変量解析を含む臨床データの処理に適した汎用統計プログラムパッケージの急速な普及も臨床評価の精密化に大いに貢献することになるが，行動計量学会はこの方面の知識の窓口として多いに役立ってきた．経験豊富なユーザーの使用経験の報告，会場でのメーカーのデモンストレーションを参考にした会員も多かったに違いない．

15回大会に引き続いて16回大会においても「診断支援のための医療情報処理」の特別セッションが企画された．新しく発展してきたミニコンを利用した診療支援の試みがまだ盛んであったが，すでにその限界に気づき，新しい方向を探る動きも活発になってきた時代であり，このセッションでは，単なる「臨床検査室の自動化」のレベルを越えて新しい展開を探るというオーガナイザーの趣旨に沿った基礎的な演題が集まった．

第19回大会(1991)では，長年環境と健康の問題に強い関心をもって活躍していた吉村功（当時，名古屋大学工学部）が大会長であったこともあって，医学関連の問題は，いろいろな角度から取り上げられた．セッションB「臨床・社会医学」では，統計理論的な問題と並んで，幸福感，不安，気分障害が取り上げられた．企画されたシンポジウム「心理社会的ストレスと健康」（表8.3）にも，行動計量学会に相応しいテーマが並んだ．近代社会が生み出すさまざまなストレスを医療がどう受け止め対処するかという問題は多くの専門領域にかかわり，コンセンサスを得るのは容易でないが，行動計量学会のような場で繰り返し取り上げ，問題点を明らかにしていく必要があると思われる．

10種の特別セッションが用意された第20回大会(1992)においては，新しい方向性が随所に打ち出された．その中には「手法開発」とその「適用例」とい

表8.3 第19回大会

シンポジウム1「心理社会的ストレスと健康」 企画者：小川浩・司会：木下冨雄

No.	演題	発表者
1	ストレスの生理 ―生体への影響―	田中正敏
2	ストレスの計量化	渡辺直登
3	ストレスとうつ病	大原健士郎
4	虚血性心臓病におけるストレスとタイプA行動パターン	前田聡
5	職場におけるストレスとその管理	若林満

う形で発展して来た行動計量学の基盤を支える統計手法の普及と教育の重要性に目を向けたセッションもあり，この学会の大きな役割の1つを明確にした．近年，学会の前後に企画されるタイムリーなチュートリアルはこの分野の研究者の役に立っている．一方，伝統的な臨床医学に行動計量的手法を適用した結果を紹介する場を提供してきた大会はその役割をほかの学会に譲り，医学・医療をテーマにしたセッションは企画されなかった．代わりに，特別セッションとして「緩和医学と行動計量学の接点」という企画が取り上げられた．多くの会員の興味が統計的手法とその応用に向いているこの学会にあって，より広い分野から話題と演者を集めて情報を会員に提供する企画は大変な努力が必要であろうが，意義深い．問題提起の場として，この学会の中に定着した感がある．

コンピュータの大きな進歩に支えられて，医学領域のデータ処理に各種統計処理を適用することは日常的になった．しばらく前まではごく限られた専門家の間でしか論じられなかった統計手法が，臨床医学の専門雑誌に掲載される論文でもみられるようになり，統計処理を行った臨床試験の適用例も臨床の専門学会で報告されるようになった．一般的にいえば，歓迎される事態であり，このようになることを医学統計処理の先駆者たちは望んでいたわけである．もちろん，個別的にさらに厳密なモデルの開発や，手法の誤用の指摘，教育など，この学会でもやるべきことも少なくないが，広い視野から医学・医療全体を眺めて，それを取り扱うモデルや，手法の研究が今後の中心になっていきそうな予感がする大会であった．

8.5 コンピュータと脳研究―1993年から2003年までの展開

第21回大会(1993)は計量心理学の分野で20世紀後半になって急速に発展した共分散構造分析と項目反応理論の展開に焦点が絞られた大会であった．医学関連の演題は少なく，アレルギー疾患の調査に共分散構造分析を応用した例と，QOL尺度の作成の2題が「生活・教育」のセッションで，また統計のセッションで，視覚モデルの報告がみられただけであった．たくさんの因子が混然と絡み合っていて，それが時間の経過とともに変化していく臨床医学，社会医学の問題を，客観的に捉え，少しずつ解きほぐしていく手法として，共分散構造分

析が役立つのではないかと期待している現場の医学研究者は少なくない．しかし，その理屈は難しく，日常の業務に追われている者にとっては，すぐに活用できるものではない．理屈がわからないと，データをどのように集めたらよいか，結果をどのように解釈すべきなのかがわからないということになってしまう．できるだけ簡単でかつわかりやすい問題を取り上げて，「実際のデータをこのように集め，整理し，このように分析を進め，このような結果が出ました．この結果は，このように解釈でき，さらに理解を深めるためには，このようなデータを集め，このように解析してみるとよいでしょう．」と順を追って解説してもらう機会がぜひ欲しい気がする．統計手法のわかりやすい解説は，専門家にとっては，業績にもならずばかばかしい仕事かもしれないが，実際の問題に適用した分析例の形で，なるほどこのように使えば役に立つと納得できるような説明がわが国では不足している．筆者自身も，増山元三郎の講義を理解できないまま今日にいたり，統計手法を利用する際，必要な適用上の注意点まで気が回らないことがしばしばである．統計学という学問それ自身の性格にもよるのかもしれないが，増山の話に限らず，行動計量学会の諸先生の話でも同様で，後日，何かの機会にわかりやすい解説を読んで，こんなことだったのかという気持ちを経験することもある．理論を開発する側にとってみても，解析の対象とした問題に実際にふれている人々が正しく理解した上で利用し，適切な意見を出してくれないと，さらなる発展につながらないであろう．

第22回大会(1994)は筑波大学医学群の久保武士が会長をつとめ，その当時，筑波大学の学長であった江崎玲於奈（1973年ノーベル物理学賞受賞）が，懇親会で乾杯の音頭をとった．この大会では，計量医学関連のテーマが積極的に取り上げられた．企画された2つの特別講演の1つが松本元（当時，理化学研究所）による「脳研究からコンピュータ開発へ」，2つのシンポジウムの1つが「AIDSの社会学」，2つの教育講演の1つが大橋靖雄（東大医学部疫学教室）による「メタアナリシス―薬効判定への応用―」であった．

脳とコンピュータとの情報処理方式の違いを，脳の情報処理の特徴が学習型であることとした松本元の講演の要旨は以下の通りであった．「コンピュータが人間がプログラムとして与えた命令を忠実に実行する機械であるのに対して，脳は学習によって知識を蓄えるとともに，学習で価値の基準を自己形成す

る．脳は，このようにして得た知識と価値基準をもとに外部の情報を分析・判断し，言動として出力する．さらに脳は，言動による出力結果をもとに，相手の反応をみて自分のもつ知識や価値基準を再度検討し，必要とあればこれらを変更する．このようにして学習によって脳内に表現されるものは，神経回路網とそこでの活動である．脳研究は，したがって，神経細胞の基本的特性，神経回路網の構成，およびそこで演算・学習・記憶がどのように神経活動として表現されるかを研究することである．脳の情報処理のいま1つの特徴は，脳が外部情報を知識と価値の2つの面で独立に処理することである．知識情報は，大脳皮質を中心に詳しく分析されるが，情報処理に要する時間は長い．これに対し，価値の判断は大脳辺縁系で行われ，情報処理時間は短い．このため，価値情報によって脳の活性が調節される．情報の価値の自己判定を行う情報処理システムとしての脳の特性，さらに価値の判断基準を学習によって自己形成するという特性が，心の特性と密接に結びついている．」

多くの研究者があれこれ考えていたアイデアを松本が上手に，かつ大胆にまとめあげて方向づけしてくれたといえるが，それをいざ，自分の研究に生かすとなると容易ではない．当分の間，松本のように脳の活動を概念的にとらえて研究を進める立場の一方で，失語症や，アルツハイマー病のような具体的な事例を対象に，詳しく分析を進める立場との両面作戦が必要であろう．行動計量学の立場は，両者をつなぐ懸け橋といえる．

大橋が概説したメタアナリシスも，今では臨床試験の統計処理法としては，よく知られたものになっている．臨床試験が全世界的に広がるにつれて，臨床試験後進国であったわが国にも，多重比較，ITT，同等性の検定，中間解析，メタアナリシスと，それまでの古典的な臨床試験では登場しなかった手法が次々と押し寄せてきた．臨床医学の広い分野に流行し出した「Evidence-Based Medicine」を支える基礎として，大規模臨床試験，実施された全臨床試験の登録，市中の副作用報告のデータベースなどの問題も喧伝されるようになってきた．これらは，臨床試験の精密化や結果の活用に貢献しているが，その反面，不適切な適用も起こりかねないので，日本計量生物学会や臨床薬理学会などでは，セミナーや特別講演などいろいろな形をとりながら問題ごとに取り上げて議論を深めている．日本計量生物学会，日本臨床薬理学会，日本行動計量

学会などで，臨床試験にまつわるさまざまな話題を論じている顔ぶれは，かなり重複しているが，統計理論の問題にしろ，現場の技術的な問題にしろ，重要な問題は，たとえ重複することがあっても適宜行動計量学会でも紹介していただきたい．

前述したように，筆者の周囲では，増山元三郎，高橋晄正らが，1960年代から，今でいうEBMとほぼ同じ主張を繰り返していた．彼らが，現在のEBM推進者の多くと異なる点は，真の意味での医療の科学化を実現するためには，科学的根拠に基づく臨床診療を提唱するだけでなく，科学的根拠に基づく臨床診療を実現できるような社会基盤の整備が必要で，そのためには日本の医療行政，薬事行政，さらには医師としての倫理観から見直す必要があると主張したことである．その結果，臨床の場で有している既得権を失いかねない学会や医師会，ならびに厚生省などの政府機関，製薬産業からの総反発を受け，心ある人々が当然とした科学的根拠に基づく臨床診療についても，受け入れられなかった．今日，状況が変化して，学会も，行政機関もEBMを唱えるようになった原因の大きな要素は，EBMという考え方が，海外から診断・治療に特化した話としてもたらされ，また行政機関がEBMの普及が膨張した医療費の節約につながると期待しているためではないかと筆者は考えている．EBMは本来，個々の患者を診療するにあたり，その科学的根拠にかかわる過去の知識を総動員して利用するという立場であろう．しかし，最近のように大規模臨床試験の結果に基づいてその道の専門家が診療ガイドラインをまとめ提案するという姿をみると，集団から得られたこれらのEvidenceを個別の患者へ伝達する手順についても合理的な方法を工夫する必要があろう．個々の患者の治療にあたっては，まだEvidenceがない問題がたくさん残っているので，結果的に，ガイドラインを順守することにより現場の医師が医療過誤に問われる危険性を減らすだけに留まってしまう危険性がある．医学的知識も，Evidenceを実証する統計手法も，研究の発展によってどんどん修正され，また人間を取り巻く環境も急速に変化するのであるから，それらに基づくEvidenceも時間とともに変化していく．大規模試験の結果の個人の治療への還元にあたっても，新しい問題がどんどんと出てくるので，情報の伝達の速度も重要であろう．Evidenceからガイドラインを作成する過程もまたもっと議論されてよい．最

近，専門学会のコンセンサスとは一線を画す形で「メタボリック・シンドローム」の診断基準を統計的立場から見直すべきであるという論文が行動計量学に掲載された（坂本他, 2008）．このような議論が自由にできる土壌こそ，行動計量学会のよさであろう．

第23回大会（1975）では，コンピュータ環境の発展に支えられて，前回の松本元の考えの具体的な研究手法の1つであるニューラルネットワークや，遺伝アルゴリズムの話題が提供された．また，共分散構造分析，ブートストラップ法も紹介された．シンポジウム「行動計量学らしい統計手法の展開──統計モデルの複雑化とその問題点」では，① 多変量解析における制約問題（柳井），② 次元の reduction（岡太），③ IRT の展開（村木），④ 疫学的観察研究における因果モデル（佐藤）が論じられた．最近わが国の医学・疫学研究で注目を集めている傾向スコア（propensity score）も，この大会以降登場するようになり，計量医学よりは，心理測定の研究者である星野崇宏ら（星野・岡田, 2006）によって，研究が推進されている．

筆者は何年か前から，臨床検査の基準値の上限，下限の設定に興味をもって，その決定法を模索してきた．通常その限界値は，いわゆる正常者集団を対象にしてデータを集め，標本分布の2.5パーセンタイル，$-2\,SD$，97.5パーセンタイル，$+2\,SD$ などを下限，上限と定義する方法がとられている．筆者が疑問に思ったのは，多くの臨床の場で，これらの限界値が，決定の根拠となった集団のサンプル数に関係なく議論されていることであった．基準値集団の分布の平均は，多くの場合信頼区間をつけて与えられているのに，上限，下限は通常，信頼区間が与えられず，点推定がなされているのである．たとえば，心電図の QT 間隔の基準値の上限として，A が 450 ms，B が 455 ms を提案しているときに，どちらを採用すべきかを判断するのに役立つ推定値の信頼区間が与えられていないのである．筆者らは，行動計量学会で耳にしたブートストラップ法に目をつけ，これを利用して，下限，上限値を点推定するだけでなく区間推定する方法を提案した（Goto *et al.*, 2008）．筆者らは，素朴なブートストラップ法を使って分析したが，ブートストラップ法はこの種の問題の処理に利用できるとの感触を得た．行動計量学会でもこれまでしばしば利用されているが，さらにいろいろな分野での活用が期待される．

項目反応理論も筆者にとって魅力的な理論である．筆者が最近かかわっているリハビリテーション医学では，患者の障害度を調べ，それに応じて患者を治療するにあたって，どのようなテストを選べばよいかとか，それらのテストによって患者の障害度がどのように表されるかとか，治療による回復の経過をどう捉えればよいかなど，テストにまつわるいろいろな問題が起こっている．適切なテストが採用されないと，患者に余分な負担がかかる上，治療効果が効率よく検出できないようなことが起こる．すでに多くのテストが考案され利用されているが，専門家の頭の中で組み立てられ，慣習的に使われているテストも少なくないと予想される．障害がある患者の障害の程度や，治療の進行状況を調べるテストは，患者の負担を考えるとできるだけ少ない方が望ましい．筆者らは，林の数量化第Ⅲ類を利用して，障害からの回復過程を調べる多数のテスト群から不要なテストを排除することを試みたが（宮原, 1980），テストそのものの作成には踏み込んでいない．その後，役に立つ必要最小限のテストを選択する方法をIRTを含めて模索している（坂本他, 2008；星野・岡田, 2006）．

第25回大会(1997)のシンポジウムの1つ「生と死」の行動計量—QOLを考える—では，いろいろな立場の演者が話題を提供した．QOLの話題は，特別セッションや，一般セッション「生活の質」でも取り上げられ，この頃から学会の中心テーマの1つとなった．

ほかにも特別セッション「研究仮説の検証と反証のロジック」で丹後俊郎が「実質科学における同等性検定」を，一般セッションで久保武士らが「二種類の検査結果が共に陽性になった時の陽性診断的中率について」を，森山孝之らが「数量化Ⅲ類を用いた障害別ADL特性の分析」を取り上げるなど医療・医学関連の話題がたくさんみられたが，方法論など関連がある話題と一緒にまとめて論じられた．

第26回大会(1998)の特別セッション「臨床試験と行動計量の視点」は，筆者が座長を務めたが，今でもわが国の臨床試験に深くかかわっている折笠秀樹，岩崎学，津谷喜一郎に，当時のホットなトピックを論じてもらった（表8.4）．世界中で行われている臨床試験の結果を再吟味してその結果をまとめ臨床家に提示する仕組みの1つにコクラン計画がある．シンポジストの1人であった津谷は，この組織の日本支部の中心人物として，当時活発に活動していた．最近

表 8.4 第 26 回大会
特別セッション　臨床試験と行動計量の視点　座長：宮原英夫

No.	演題	発表者
1	最近の臨床試験とその問題点	折笠秀樹
2	新薬開発の臨床試験のトレンド —現在および近未来—	岩崎学
3	臨床試験とエビデンス —コクラン共同計画から—	津谷喜一郎

もタミフルの有効性などをめぐって，コクラン計画のレポートが話題に上ったが，かつてほどではないように思える．多数の臨床試験をメタアナリシスなどの手法を駆使して要約するわけであるが，別の研究者が，同じ薬を対象として別の結論に到達したときにはどのように取り扱ったらよいのであろうか．

第 21 回大会の項でもふれたように，共分散構造分析や項目反応理論は複雑な医学データを解析するために魅力的な手法であるが，実際に手をつけようとするといろいろとわからないことがでてくる．この大会では白石安男，稲葉裕が，共分散構造分析による疾患調査の例を，竹内一夫が項目応答モデルを使った咀嚼能力テストの例を紹介した．一般セッション「医療データの分析」では，ほかにも画像診断，薬効評価，状態・特性—不安検査（STAI Form-Y テスト）の適用の結果が報告された．先の MMPI の項でもふれたが，性格テストは，日本人に特化して目的を絞って行ったテストが有用である．

岡山で開催された第 27 回大会（1999）も前回に引き続いて医学・医療関連の話題が多かった．特別セッションとして，魚井徹，前田博両氏の司会による「臨床試験におけるデータマネージメント」では，臨床試験におけるデータの品質管理が取り上げられた．医学関連のセッションも 2 つ設けられ，前回，あるいは前々回の大会で報告された研究の続報（「画像読影機能の分析，高齢者のADL，QOL の分析）が発表された．これまでの医学関連の報告は，単年度のものが多く研究の継続性が望まれたが，この年度はそれに答えることになった．

筆者はしばらく前から，医学と社会のかかわりに取り組むことが多いリハビリテーション関係者にも行動計量学会に関心をもってもらいたいと考えていたが，この大会では一般セッション「社会」と「教育・テスト」で理学療法士を中心としたグループの発表があった．

東京で開催された第 28 回大会（2000）の特別セッションの「QOL 測定の信頼

性と妥当性」はわかりやすく参考になった．これまで QOL の話題は心理的，抽象的な印象が強かったが，大橋靖雄は，統計的にどう取り扱うかを定義からはじめて平易に解説した．QOL という概念は，「人生の質」とか「生活の質」とかに訳されるように，個人の生活の満足感を主観的に評価したものであるが，多領域の研究者が，高齢者の生活や医療を論じる際に共通のイメージをもって議論をはじめるための道具としても有用である．しかし，その本質を患者の主観的な評価に置いているので，その定義，評価法など，視点が変われば当然ながら変化するので，話が進んでくるとかみ合わなくなってくる．わが国でも，QOL に特化した学会があり活発に活動しているが，行動計量学会でも，丸山久美子の「生と死の行動計量」のような企画をどんどんと打ち出して，活発に議論する場を用意したいところである．

アクティブ・リビング（生き生きとした生活）という概念も，QOL 同様に高齢者の生活の質に関連した概念であるが，QOL よりはもっと能動的で「主体的，活動的，健康的な生き方」を表している．高齢者の生活状況を動的にとらえる重要な指標であるが，これについても QOL と同様に，スポーツ指導者，介護関係者，高齢者本人で，満足度の評価は大きく異なるであろう．高齢者がますます増加してくることを考えると，運動負荷の目標値の設定といった問題から，アクティブ・リビング推進による医療費削減の効果まで，行動計量学会での取り組みが期待される．

京都で開催された第 29 回大会では，特別講演「チンパンジーの知性と文化」をされた松沢哲郎が，チンパンジーを 1 匹，2 匹と数えないで 1 人，2 人と数えていたのに驚かされた．話の内容は，現場で長年過ごした人だけがもつ迫力があって大変に感銘を受けた．この大会では筆者が以前から行動計量学会に期待していた統計カウンセリングがワークショップと組合わせて開催された．テーマは「因子分析と構造方程式モデリング」「質的データの解析」「実験データからの仮説評価」であった．この中で，佐藤俊哉，松岡浄が「何があっても割り付け通り解析する ITT（intention to treat）」を取り上げて講演した．

8.6 医学研究とQOL—2003年以降の展開

　第31回大会(2003)では，医学・医療関連の数多くの話題が行動や認知，言語などの心理学的な側面から取り上げられた．たとえば，「脳波で測る」という特別セッションで二宮理憙（青山学院大学）を中心とした研究者が脳波と関連させた計測，推定の話題を提供した．また，「高齢者の諸問題」というセッションでは，関西の研究者を中心に多変量解析を用いた家族介護の検討，高齢者の閉じこもりの検討が論じられた．医学のセッションでは医師以外の研究者の発表が定着し，質問表，リハビリテーション効果の評価，患者の栄養教育など7演題が取り上げられた．前年度の大会で発表された5グループのうち，2グループがその後の研究の展開を紹介した．

　第32回大会は，青山学院大学の相模原キャンパスで開催された．特別セッション「林知己夫の研究系譜」の中で，駒澤勉が「医学・生物学における計量科学」と林知己夫とのかかわりを紹介した．林も駒澤も学会開設時から熱心にこの方面の問題に取り組むとともに，研究者の輪を広げてきた．最終日には丸山久美子が企画した「福祉と評価」というセッションが用意された．大会長が二宮理憙であったので，専門の脳波と関連づけたセッション「ヒトの脳における情報処理Ⅰ—印象を測る—」と「ヒトの脳における情報処理Ⅰ—客観的計量を目指して—」とが用意された．前者では主として視覚と脳波との関係が，後者では学習と脳波との関係が取り上げられた．

　第33回大会(2005)は前年10月に新潟県中越大震災があったこともあって，地震に関した「特別セッション」および「特別講演」が取り上げられた．それに加えて，一般セッションも，特別セッションも新しい話題に溢れていた．反面，医学・医療に関する話題は，二宮理憙のグループの脳波と関連づけた研究と，山岡和枝，吉野諒三両氏の「東アジアの人々の健康感と関連する要因」，芳賀麻誉美の「構造方程式モデリングによる市販洗口剤の評価構造分析」であった．

　第34回大会(2006)においては，医学・医療関連のテーマでは，救急車の利用とか，地域住民の病院に対するイメージとか，医療と社会とのかかわりに関

する新しい機軸が盛られた．二宮理憙のグループが人間行動と脳波（事象関連電位 ERP）とを関連づけた研究をますます展開される一方で，大会長であった丸山久美子のライフワークともいえる「生と死」および「QOL」の問題が幅広く論じられた．またこの大会では栄養学に関連した特別セッションが企画されて，久保武士，丸山久美子を交えて討論がなされた．先に述べたように栄養問題は国民の健康や生活習慣病などを論じるには欠かせない，学際的研究課題で，行動計量学会における今後の展開が期待される．前にもふれたが後藤昌司が長年続けている基準値の分布の問題もこの大会で取り上げられた．基準値は医療に広くかかわる問題であるが，第 23 回の項で述べたように医療の現場で使おうとすると，まだまだ議論する余地が残っている．さらなる取り組みが期待される．

村上征勝（同志社大学文化学部）が大会長をした第 35 回大会における一般セッション「医学」の内容は，時代とともに様変わりして，医師や検査技師が取り扱っている臨床データの解析は減り，人口問題，医療政策が取り上げられた．

一方，何年か前から丸山久美子を中心に展開されている「生と死」の問題に対する行動計量的アプローチは，この大会でも特別セッションとして企画された．同様に二宮理憙らが脳波と関連づけて展開している行動計量的研究も特別セッション「学習効果の脳波による計量」として企画された．

第 36 回大会(2007)でも，ここ数年の学会で継続的に取り上げられている 2 つのテーマ，「生と死および QOL」，と「脳波と関連させた研究」が特別セッションとして企画された．いずれも行動計量学的視点からの検討が望まれる 21 世紀の一大テーマである．特別セッションとして「栄養教育の評価の行動計量学的アプローチ」が取り上げられたことも画期的なことである．第 34 回大会で，本学会の目が栄養に向けられたことについては既述したが，第 35 回では中断していたので，今回の復活を歓迎したい．一般セッションの「医学」は，内容がますます多様となり，1 つのセッションとしてまとめることが困難な段階にさしかかっている．現在のような形でセッションを構成する一方で，たとえば，「寿命，人口予測」「臨床検査基準値の設定」「医療政策と医療費」「臨床試験」などのテーマを，じっくりと論じてもらいたい．なお，国際計量生物

学会（International Biometrics Society）についても言及しておく必要がある．国際計量生物学会の日本支部がわが国におかれたのが1980年で，1984年には，国際計量生物学会が奥野忠一，林知己夫らによって東京で開催された．1984年に引き続いて，2012年には佐藤俊哉（京都大学医学系研究科）によって神戸で国際学会が開催されることになっている．1980年代から2010年にいたるまでに，国際計量生物学会日本支部（計量生物学会）の責任者となった人に，奥野忠一，林知己夫，広津千尋，柳川堯，丹後俊郎，佐藤俊哉らがいる．

8.7 今後の発展

これまで第1回(1973)から第36回(2007)までの大会のプログラムをたどりながら，医学関連の話題について振り返ってきた．3分の1世紀を超える時間であるから，わが国の医学を取り巻く環境が大きく変貌したのは当然であろう．学会がはじまった頃は，癌の告知は原則として行われなかったし，臓器移植もまだ限られた範囲でしか行われていなかった．医療費に関しても，国民皆保険という理想に燃えていて，現在のようにいかにして医療費を抑えるかに苦慮する環境ではなかった．現在ではどうであろう．少子化問題が深刻化し，無限大で近似されていた地球の大気成分や汚染物質に対する見方も大幅に変化している．データ収集や調査という面では，個人のプライバシーの保護が重視されるようになり，国勢調査や各種の追跡調査の精度が心配されている．

一方で，臨床医学における検査・診断・治療の手段は飛躍的に増大し，衛生状態，栄養状態の改善に支えられ，世界最高の平均寿命を維持している．また，医学・生物学の基礎を支える遺伝学や免疫学の進歩は目覚しく，これまで確率だけで取り扱われていた事象が，遺伝子の型や分子構造で層別化できる事態も経験されるようになってきた．心理学や精神医学で対象としていた脳の情報処理過程も研究手段が大幅に増加し，多方面からのアプローチがなされている．コンピュータのさらなる進歩は，統計処理をますます身近なものにし，多くの統計手法が研究者の手元にある問題に適用できるようになってきた．市販後の薬の使用報告のデータベースが世界各地にできつつあり，出現頻度が10000分の1といった低いレベルの有害事象の検索も不可能ではなくなってきている．

このような状況の変化は，年々莫大な量の新情報を生み出し，多くの研究者は，今や専門知識を獲得するだけでなく，不要な知識をいかに捨てて行くかに追われるようになってきた．この章では，これまでの計量医学の進展を，1973年に設立された日本行動計量学会1回大会から36回大会までに取り上げられたこと，筆者が興味をもってきたこと，やり残したことなどを，医学研究者の目線で眺めてきた．ここで論じた問題の中に，少しでも若い人たちの研究のヒントになる情報があることを願って本章を終わりとしたい．
（本章は，宮原英夫の原稿に，本書の編者である柳井晴夫が，加筆したものである．）

文　　献（刊行順）

鳥居敏雄・高橋晄正・土肥一郎（1954）．医学・生物学のための統計学．東京大学出版会．
高橋晄正（1964）．新しい医学への道．紀伊国屋書店．
高橋晄正（編）（1969）．計量診断学．東京大学出版会．
Cox, D. R. (1972). Regression model and life tables. *J. Royal Statistical Society*, B34, 216-217.
高橋晄正・宮原英夫（編）（1972）．臨床診断とコンピュータ　1．計量診断学の歴史と現況．産業図書，pp. 1-13.
青木繁伸・鈴木庄亮・柳井晴夫（1974）．新しい質問紙健康調査票（THPI）作成の試み．行動計量学，2, 41-51.
宮原英夫他（1980）．歩行移動動作 ADL 評価項目の林の数量化の方法論　第Ⅲ類による解析．行動計量学，7(2), 1-11.
古川俊之（1982）．コンピュータ診断．共立出版．
高見堂正彦・宮原英夫他（1983）．心理検査 MMPI 尺度得点の入学試験による変化．行動計量学，10(2), 28-39.
宮原英夫（1985）．臨床医学における病気の分類．計測と制御，24(11), 1019-1024.
宮原英夫他（1986）．MMPI 尺度得点プロフィルと質問項目別回答パターンに見られる翻訳差．行動計量学，14(1), 30-38.
高見堂正彦・宮原英夫他（1997）．入学時の MMPI 尺度得点とそれによる留年予測の困難性．行動計量学，24(1), 112-124.
白鷹増男・宮原英夫（2000）．コンピュータ介助栄養指導システム．医療情報学，10(1), 15-25.
梶野宗幹（2003）．失語症検査とその周辺：失語症への簡単な数理科学的アプローチ．宗永会札幌パーク病院出版部．
清水和彦・宮原英夫他（2003）．脳卒中後片麻痺患者の歩行移動動作テストの難易度―介助量を基準にした評価法による―．リハビリテーション医学，40(12), 839-847.
Kim, H. *et al.* (2005). Symptom clusters-concept analysis and clinical implications for cancer nursing. *Cancer Nursing*, 28(4), 270-282.
Shimizu, K., Tajiri, H., Shirataka, M., Tanabe, H. & Miyahara, H. (2005). The validity of a shortened test

battery for evaluating ambulation and transfer activities in post-stroke patients by means of the principal component analysis and Cronbach's alpha coefficient. *Behaviormetrika*, 32(1), 55-70.

星野崇宏・岡田謙介 (2006). 傾向スコアを用いた共変量調整による因果効果の推定と臨床医学・疫学・薬学・公衆衛生分野での応用について. *J. Natl. Inst. Public Health*, 55(3), 230-243.

松原　望 (2008). 入門ベイズ統計, 第8章　医学とベイズ決定. 東京図書.

坂本　亘・五十川直樹・後藤昌司 (2008). 日本の「メタボリック・シンドローム」診断基準の統計的問題. 行動計量学, 35(2), 177-192.

Goto, H., Miyahara, H. *et al.* (2008). Estimation of the upper limit of the reference value of the QT interval in rest electrocardiograms in healthy young Japanese men using the bootstrap method. *J. Electrocardiology*, 41(6), 703. e1-703. e10.

9

実証科学と方法論科学のコラボレーション

9.1 問題の所在

　かつて筆者は，行動計量学の分野を比喩的に「マーケット」と捉え，この分野を健全に発達させるためには，解析手法の開発を専門とする「メーカー」と，その手法を用いて現象を解析する「ユーザー」とが相互に対話を交わしながら，両者がともに満足できるよき「商品」の開発を進める必要性のあることを主張してきた（木下, 1983, 1992, 2010）.

　そこで繰り返し述べたように，これまでメーカーが開発してきた作品の中には，素晴らしいできばえの「優良商品」が数多くあった反面，程度の差はあれ，「欠陥商品」と思われるものもまた散見された．このような「欠陥商品」が通用した責任は，筆者の思うところ，メーカーとユーザーの双方にある．

　まずメーカーであるが，彼らはユーザーのニーズを十分つかみきれないまま，ともすればメーカーの仲間内からみて，みばえのよい商品の開発に心を奪われていたという責任がある．一方ユーザーであるが，彼らも本来は消費者として厳しい批判者であるべきなのに，商品知識が不足なまま，メーカーの提供品をブツブツ文句はいいながらそのまま頂戴していた責任がある．

　筆者もユーザーの1人なので，その責任を問われると忸怩たる思いがあるが，ユーザーサイドから多少の弁明をするなら，次のようになるのではないか．すなわち，「現実の社会や人間のつくりだす現象は，メーカーの想像以上に複雑で多様なのである．そこから得られるデータは，さまざまなノイズやバイアスに充ち満ちている．そしてときには，思いがけないダイヤモンドが隠れている

こともある．したがってわれわれユーザーがほしいのは，このようなノイズやバイアスに「刃こぼれ」しないタフな道具であり，かつダイヤモンドを探りあてる「切れ味鋭い」道具や思考法なのである．道具が数学的に洗練されているのは好ましいけれども，それが使い勝手の悪さや使い道の狭さといった犠牲の上に立つものなら，そんな道具は使いたくない．でもそれをうっかり公言すると，メーカーにバカにされるか見捨てられるのが怖い…」．

ところが意外なことに，このようなユーザーの気持ちは，思いのほかメーカーに伝わっていないのである．伝わったとしても，それは個人的な関係の中での愚痴に終始することが多く，そのニーズをメーカーが理解しうるかたち，すなわち数学的な言葉として伝えることは少なかった．それにユーザーが扱いに苦慮している現実の「汚れた」データをメーカーに提供して，その問題点や処理法を共考する姿勢にも欠けていた．ハズレ値の存在，分布の歪み，変動の不規則性といったデータの汚れが，データ収集上の技術的問題なのか，それとも測定対象の内部に秘められた特異な現象の表出（ダイヤモンド鉱脈？）なのかは，ユーザーとメーカーの共考抜きには判定しにくいのである．

本章は，以上に述べた反省に基づき，行動計量学のユーザーがどのような不満やニーズをもっているかを調査によって明らかにした上で，その不満やニーズを，メーカーに対して届けるところにある．なおお断りしておきたいが，メーカーとユーザーという区分はあくまで比喩的な表現であって，実際には，メーカーでかつユーザーであるという，たとえばルビン（D. B. Rubin）やラオ（C. R. Rao）のようなマルチタレントも存在する（Rao, 1997；狩野, 2010）．

9.2 ユーザーの不満やニーズの抽出

ユーザーの選定　本章の目的はユーザーの不満やニーズを知ることにあるので，いわゆる無作為抽出的な方法による被調査者の選定は行っていない．1992年の調査では，関西に在住する心理学者の中から，過去の発表論文に行動計量学的な手法を用いている者を有意抽出して，調査の対象とすることにした．被調査者の専門分野は，大部分が社会心理学である．それ以外では，少数の発達心理学者や性格心理学者が混じっていた．そのときの被調査者数は82

人である．

　その後，筆者の問いかけに共感をもつ研究者が増え，学会，研究会，そのほかさまざまな席でユーザーとしての悩み相談を受けた．専門分野はやはり社会心理学に偏っているが，地域的分布は全国的に広がっている．協力者の実数は正確にカウントしていないが，おそらく数十人ということになろう．

　手続き　1992 年の論文では，被調査者に質問紙を直接手渡すか，郵送して回答を求めた．質問紙の内容は，以下に述べる 10 種類の多変量解析の手法について，その使用経験の有無，対象とした現象，技法についての疑問点，不満，要望を問うものである．調査は，1990 年の 11 月に行われた．なお，それ以降の調査は 2000 年代になってから不定期に行われたものがほとんどで，すべて面談による聞き取りである．

　対象とした技法　1992 年の論文執筆に際して対象とした多変量解析の手法は，因子分析，主成分分析，正準相関分析，重回帰分析，共分散分析，判別関数，クラスター分析，数量化理論，LISREL，および多次元尺度法の 10 種類である．当時はまだ構造方程式モデル（共分散構造分析）が発展途上で，LISREL がその走りとなっていたと理解してほしい．それ以後の調査では，上記の分析法にとどまらず，項目反応理論，ベイズ統計，潜在クラスモデル，反復測定モデル，母集団の代表性や階層性の問題，分布の歪み，それに因果推定の手法などについても議論が交わされた．

　なおユーザーからの質問には，以上に掲げたものとは別に，社会調査における母集団やサンプリングの問題，無作為抽出ができない場合の代替法，調査手法の違いによるバイアスとコストの問題（ことに random digit dialing やインターネット調査），回収率の問題，それを克服する技法などが多かったが，これは狭義の統計的手法の問題ではないので，今回の報告からは除外した．

9.3　ユーザーの抱える不満やニーズ

　質問紙調査や面談によって明らかになったユーザーの不満やニーズは多岐にわたっていたが，これらを整理すれば以下の 8 つにまとめられる．ただそれらは，相互に関連しあっていることに注意を払う必要がある．なお，具体的な回

9.3 ユーザーの抱える不満やニーズ　　　　　　　　　　　185

答の内容については少し古くなるが，木下（1992）の論文の Appendix に主要なものをあげておいたので，併せて参照されたい．

9.3.1 ユーザーの無知による誤解

ユーザーの述べる不満の中には，ユーザー自身の無知による誤解が混ざっていた．誤解の中身は，手法のアルゴリズムに関するような高級なものではなく，むしろデータの性質との関係で技法の使い分けをする必要のあることについての，基本的な知識不足・訓練不足（一番多かったのは分布理論の誤解）に基づくものが多かった．この責任は，一義的にはユーザーにあるが，メーカーも技法とデータの性質との関係について，十分配慮した説明をしてこなかったという意味で相当の責任はある．

また，このような基本的訓練不足の背後には，既存のプログラム・パッケージを手軽に使えるようになったことからくる，技法のブラック・ボックス化があるように思われる（村上，1990a）が，その点については後にふたたびふれたい．

9.3.2 解説書やマニュアルの不備についての指摘

解説書の不備に関する問題には，手法のネーミングが業界内で標準化されていないことからくる混乱もあるが，前項で述べたことと関係して，ユーザーにもっとわかりやすい言葉で説明してほしいという要望が中心である．教育者としてのメーカーは，市川も指摘するように，ユーザーが落ち込みやすい認知的陥穽について配慮する必要があろう（市川，1988, 1990）．ユーザーのナイーブな直観的推論は，統計学の規範的理論とかならずしも一致しないからである．後に 9.3.4 項で述べる因果の推定の問題も，そのことが関係している．そしてこれを比喩的にいえば，企業の世界で重要なテーマになっている「製造物責任」（Product Liability）につながる問題でもあろう．

これからの解説書は，数学的理論，解法アルゴリズム，簡単な適用例といったお決まりの内容だけではなく，市川のいう「実戦的学習法」，つまり「現実のデータに即して学ぶこと」，「結果を出すことより，結果を読むことに重点を置くこと」，「1つの手法を適用して機械的に結論を出すのではなく，探索的・

診断的にデータ解析を行うストラテジーを学ぶこと」に力点を置いたそれに換えるべきであろう（市川, 1988）．

9.3.3 既存の統計ソフトについての注文

最近は多くの統計的手法がパッケージ化されて（たとえば SPSS, SAS など），ユーザーにとっては非常に有り難い世の中になったが，それとともに問題点や贅沢な注文も現れはじめた．

それは組み込みを希望する新しい技法（たとえば3相因子分析やベイズ的推論など）や，統計オプションについての注文（たとえば因子分析における因子数決定の基準として AIC をつけると同時に，因子負荷量の推定誤差（標準誤差）をつけてほしいなど）にはじまって，入力方法や，出力ディスプレーについての注文といった細かな問題に及んでいる．入出力の手法についての注文は，統計学の専門家としてのメーカーにとってさほど興味をもたれない問題と思うが，ユーザー・フレンドリーなインターフェースの開発は，日々の業務の効率やみばえに関係するだけに，ユーザーにとってはかなり切実な要求なのである．

これらの問題は，基本的にはプログラムを追加したり手直しすれば解決可能であるが，上記のソフトのソース・リストは，これまで日本支社に対してすら公開されていなかったので，国内での解決はなかなか難しい．ただこれらのソフト会社は，基本的にはユーザーからの注文をもとにバージョンアップを志しているので，メーカーであるアメリカの本社に直接ニーズをぶつけるとよいだろう．なお上述の AIC と因子負荷量の推定誤差の問題であるが，最近 SAS のパッケージの中で，最尤法に限ってではあるが（PROC FACTOR），推定誤差が出力されるようになった（Yanai & Ichikawa, 2007）．

それに対して日本産パッケージは，もちろん国内で手直しが可能である．メーカーも，ユーザーからの生の声を聞きたがっているから，遠慮せずに注文をつけたほうがよいのではないか．使い勝手の良し悪しなどは，ユーザーでないとわからないからである．

また，最近の汎用統計パッケージはある意味で親切すぎ，選択に困るほど多種の技法が用意されている．それにつれて，初心者ユーザーの不適切な使い方や誤用も目立ち出した．つまりパッケージの中味がブラック・ボックス化して，

統計技法をあまり知らなくても，見様見真似で使えるようになったことに基づく弊害である．ことに初心者の学生は，データの性質や特性もわきまえないまま，マニュアルに記載されている X という変数に自分の A という条件をあてはめ，Y という変数に B という条件をあてはめるというように，形式的類似性だけで安易に計算を進めることが多い．

この一義的責任は，もちろん学生を指導するユーザーの教師側にあるが，統計リテラシーを高めるために，技法のもつどの特性に着目するべきかという指摘はメーカーが最初に行うべきだと思うから，メーカー側にも応分の責任はあろう．

この点に関して，最近ベテランのユーザーも，手法の選択基準がわからなくて戸惑っている姿がみられる．つまりユーザーの知識が，技法の急速な発達に追いつかないのである．余談であるがこの事情はアメリカでも同じであるらしく，アメリカの大学の友人によれば，研究者が愛用する分析手法は，研究者が学生時代に学んだ手法に固着しがちだという．研究者が RA の院生を雇用する主要目的の 1 つは，新しい分析手法を入手するためらしい．

ユーザーが困惑するのはこのようなときであるが，この問題を解決する 1 つの手段として，エキスパート・システムを用いたユーザー支援ソフトが稼働している（中野, 1990）．今のところ支援できる分野は限られているが（重回帰分析），もしこのようなシステムが拡大されれば，初心者ユーザーだけでなく，ベテランにとっても大いなる福音となろう．

9.3.4 新しい解析手法の関発と統計学的発想の明確化についての希望

1992 年当時，新規開発の希望が多かったのは，非線形モデル，非対称型モデル，ファジィを組み込んだモデル，時系列モデルなどであった．ただその後，統計技法には大きな進歩があり，これらの要求のかなりは実現されることになった．たとえばファジィ行動計量のパッケージは，すでに市販されている（和多田, 1992）．ただ現在のところ使用できるのは，回帰分析，時系列分析，数量化分析，クラスター分析のファジィ版である．またファジィ以外のモデルも，最近の学会大会では独立のセッションが設けられるほどに充実してきた．

ユーザーは新しいもの好きだから，「新製品」がでるとすぐ使ってみたがる

くせがある．しかしその点を割り引いても，新しいモデルがソフトとして使用可能になれば，あいまいで時間的に変動する人間や社会の現象を解析するユーザーにとって，大きな武器を得ることになるのは間違いない．新しい解析手法が開発されると，それは単にデータの分析に便利であるだけでなく，研究デザインにまでさかのぼって大きな影響を及ぼすからである．

最近になってよく耳にする要望は，まず第一に，一般モデルの中に，特殊目的の下位モデルを包摂した階層的分析手法がつくれないかというものである．これは，私たちが扱う現実のデータには，状況を通じて普遍的な部分と，状況に応じて変動する特殊的な部分が混在することが少なくないので，それに対応可能な分析法がほしいという要望である．

ただここで階層化というのは，HLM（hierarchical linear model）が扱うグループレベルと個人レベルという意味でのそれではなく，普遍-特殊という次元での階層化である．昔流行した知能検査で，一般的知能因子（G）と，特殊的知能因子を区別したことがあったが，その発想をさらに普遍化したモデルともいえよう．

この発想は古くからあるが（村上, 1990b），最近になって繁桝(2010)は，これまでの知能検査的な手法による階層構造を検討した上で，新たに階層的因子分析やベイズ的推論に基づく分析の可能性を示唆している．繁桝の手法が知能という対象だけではなく，広く社会的現象一般にまで適用可能かどうかは不明であるが，今後に期待をもたせる手法の１つには違いない．ことに態度, 性格, 感情, 認知スタイルなど，概念的には区別されるものの，操作的には境界があいまいなブラック・ボックスの中味について，その構造を推測するよき手法となるのではないか．

次いでよく耳にする第２の要望は，相互作用の生成，発展ないし変動を記述する動的モデルである．これは，複数の被験者が，複数の次元で重層的に相互作用をかわし，そのパターンが，一定の時間分布の中でどう変動するかという問題である．具体的には集団の中で，成員たちがコミュニケーションを交わしつつ，いかなるタイプの対人関係を構造化していくかという場面を想定して欲しい．

社会心理学では，個々の成員の発言内容を，複数の次元でコード化するまで

の技術は持っているが，その相互作用を時間軸の中でパターン化する優れた解析方法を持たない．そしてこれが，社会心理学の発展を妨げる制約条件の1つになっている．もしその解析方法が開発されれば，狭義の社会心理学者にとどまらず，対人的相互作用を扱う発達心理学，臨床心理学，性格心理学などの研究者にとって，大いなる福音となろう．

次の話は，新しい技法の開発についての要望というより，メーカー側の常識がユーザー側に正確に伝わらず，誤解されている向きがあるので，それを何とかして欲しいという要望である．具体的には，因果の推定に関するものである．

私たちユーザーは，実験によってではなく，調査的手法で要因間の因果関係を調べることがよくあるが，その大部分は，要因間の相関値の関係構造に基づく「因果の推定」である．実際にはパス図の矢印で，それを表現することが多い．パス図の意味は統計学的には構造式のデータへの適合を示すものであるが（竹内他，1989a；南風原，2010），多くのユーザーは，矢印の方向が「因果の存在証明」と思い込んでいるのが普通である．なぜならユーザーに十分な知識がないまま，メーカーの中にも「因果の推定」といわずに，単に「因果関係」と略称する人が少なくないからである．

もちろんメーカーは科学論的に厳密にいえば，因果を実証できるのは「閉じた系」の中だけであって，「開いた系」では原理的に不可能であることを知っている．「開いた系」では因果は存在せず，あるのは相関関係だけである．実験によって因果の実証が可能なのは，それが時間軸の中で「閉じた系」をつくっているからである．したがって，パネル調査などを除き，原則として「開いた系」の中でしかデータが取れない1回限りの調査研究では，因果の実証は原理的には不可能であることをメーカーも熟知している．

それにもかかわらずメーカーが因果関係という言葉を使うのは，構造方程式を作成してパス係数を求めるだけでなく，その背後に，従属変数と独立変数の関連に関する「普遍性」や「整合性」などが存在することを前提条件とする，因果の推定の仕組みを構築しているからである．そして肝心のそのことが，ユーザーには十分伝わっていない．またその知識はもっていても，対象とする現象がすべて態度変数である場合，変数関係の普遍性や整合性が保たれているか否かについては，ユーザー自身，論理的にも経験的にも検証不能であることが

少なくないのである．

それを克服するためにユーザーが経験の中から生みだした1つの工夫として，取り扱う態度変数以外に性別，年齢といったデモグラフィック変数を意識的に投入し，その時間的不可逆的性質を利用して因果を推定する手法がある．たとえば A という変数と B という変数があるとして，そのどちらもが態度変数であるなら，両者に相関があるからといって直ちに因果関係を推定することはできない．しかし仮に A が態度変数で，B が性別，ないし年齢変数であれば，両者の関係は $A \leftarrow B$ であることが推定される．なぜなら $A \rightarrow B$ という関係は，理論的にありえないからである．ただその場合でも，取り扱う変数の中に，デモグラフィック変数のようなカテゴリー変数を想定していない統計モデルの場合はどうすればよいか，ユーザーの悩みは尽きることがない．

ともあれメーカーは，ユーザーたちが出力されたパス係数だけを鵜呑みにして因果を論じるのではなく，その前提条件についての吟味を基にして考察する必要があることを，注意喚起しなければならないのではないか．

9.3.5 解析手法の効用と限界についての提示

ユーザーが統計技法に向かい合ったとき一番不安に感じるのは，このデータをこの解析手法で分析するのが最も適当な方法なのだろうかという疑問である．ことにデータが完全でなく，データの測定法に不揃いがあったり，欠損値があったり，分布が歪んでいるときなど，迷い心は一段と強くなる．そのときの彼らのつぶやきは，「自分のデータが不十分であることは自覚している．したがって，このデータにはこの分析法が最も適切であるというお墨つきまでは期待しない．しかしこの分析法なら，まあ使ってみてもよいのではというメーカーのお許しぐらいはいただけないだろうか」というものであろう．言葉を換えると，ユーザーは解析手法の効用もさることながら，使用限界についての情報を求めているのである．

ところが，統計の専門書やマニュアルには，たいてい「典型例」や「お勧め」の使い方が示されているだけで，その逆の例，つまりこれはあまり望ましい使い方でないが，この範囲なら目をつぶってもよいという境界線についての「お許し」情報，さらにこれ以上ムチャな使いかたをして貰っては困るという，ベ

カラズについての「限界」情報が示されていない．メーカーに直接質問をすると，「まあ，いいんじゃない」と緩やかなお許しの言葉をいただくことが意外に多いのだが，統計書にはその基準が明記されていないので，ユーザーとしては安心できないのである．

それに統計の専門書には，モデルの説明の後に数値例が載っているが，そのかなりは美しい標準的データであって，ユーザーからすればみたこともない夢のデータなのである．ユーザーはそれをみて，自分の汚れたデータをこのモデルに載せてよいのだろうか，せめてお目こぼしをいただけるだろうかとますます悩むことになる．

もちろん数あるユーザーの中には，このような些事に構わず，大胆というよりも強引に自分のデータをモデルにあてはめてしまう人もいるが，これはこれで誤ったメッセージをほかのユーザーに送ることになるから，注意をしてあげる必要がある．そしてこれは，最終的に本人のためにもなる．

ところがメーカーには紳士が多いせいか，ユーザーの誤用についてまゆをひそめるけれども，明確に指摘する人は意外に少ない．今後，ユーザーが目にあまる使用法をしていることを発見した場合，そのことを公に（ユーザーの固有名詞は不要だが）述べて貰えないだろうか．

9.3.6 解析手法の頑健性と安定性についての要望

上の問題と関連することであるが，道具である以上鋭い切れ味は大切だけれども，刃こぼれはもっと困るというのがユーザーの願いである．それは数学的な洗練さや厳密さよりも，タフで安定した技法の方が，ユーザーにとっては使いやすいからである．そして現実の世界には何度も述べるように，洗練された現象などまずみあたらないのである．皮肉っぽいいい方かもしれないが，因子分析が，数学者からはあまり評判がよくないにもかかわらず，ユーザーにいまだに根強い人気があるのはそのロバストネスのためである．木挽きに例えていえば，ユーザーにとって必要なのは鋸なのであって外科医のメスではない．

その反対の一例がクラスター分析であって，このモデルには，周知の通り集合的・分割的，階層的・非階層的，Rモード・Qモード・ブロック・PCAといった基本的な区分だけでなく，類似度行列の計算法，類似度の更新法，距離

の計算法など，数多いオプションが用意されている．そしてこれらを組み合わせると，可能な計算法は百を越すことになる．そこでユーザーは，どの組み合わせの計算法が，自分のデータに最も適した手法であるか迷うことになる．

あるユーザーの告白であるが，彼は同一データに対してあらゆるオプションを組み合わせた計算を試みたところ，組み合わせの数だけすべて異なる結果がでた．ユーザーは困って，その中から，結果の解釈にとって一番都合のよいオプションを意図的に採用し，あとは口をぬぐったというのである．

9.3.7 アルゴリズムの問題

ユーザーがよく苦情をいうアルゴリズム上の問題は，多重共線性の問題や，数量化理論における少数サンプルのカテゴリー問題（カテゴリー内のサンプル数が少ないと過大な数値が与えられる傾向），第Ⅲ類において1と2軸が変数間の関係ではなく1次元性を保証する布置でしかないという問題，クラスター分析において，同一反応パターンをもつサンプルが3ケース以上存在する場合の解法（同一反応パターンをもつものが3ケース以上存在しても，同一クラスターにまとめられない）などである．これ以外にもアルゴリズムに対する注文や苦情は数多いが，紙数の関係で省略する．詳しくは木下(1992)のAppendixをみてほしい．

アルゴリズムがこうなっているから，それに合わせて使ってくれとメーカーはいうが，対象とする現象によってはそれができない場合がある．数学に弱いユーザーが，一番無力さを感じるのはこのときである．アルゴリズムの制約は十分理解するけれども，メーカーに要望したいのは，アルゴリズムの制約を前提としてモデルをつくるのではなく，現象にあわせてアルゴリズムを工夫する姿勢である．

アルゴリズムに関する別の注文は，厳しすぎる数学的仮定への不満である（たとえば分布の正規性，誤差項の独立性，因子の直交性など）．数学的には確かにその方が厳密で処理もしやすいのであろうが，実質科学的観点からすると，ほとんどありえない仮定に対して，ユーザーは不信と不満の念をもつのである．またそれと関係して数学に自信のないユーザーには，そもそも技法のアルゴリズムが，自分の対象とする現象の背後にあるロジックを，妥当に表現している

のかという不安がある．たとえば因子の厳密な直交性など，現象の論理構造からみれば稀にしかありえない話であり，むしろ交差の角度そのものを，現象理解の新しい指標にできないかというユーザーの声もある．

ただこの点に関して柳井(2010)は，因子分析における回転手法にも歴史的変遷があり，20世紀後半まではオーソマックスやバリマックスなどの直交回転が主流であったが，21世紀以降は斜交プロマックス回転が主流になった．その意味で因子分析の因子負荷量は，直交を前提としているわけでは決してないと，ユーザーにとって心強い意見を述べる．また柳井によると，斜交因子間の相関係数をもとに2次因子分析をすれば，筆者が上に述べた現象の論理構造はかなり推定できるし，共分散構造分析の探索的な仮説モデルも，プロマックス回転によって得られた因子間相関をもとにつくられることが多いから，現象の構造推定に役立つのではという．

しかしそうなると逆に再考を必要とするのは，因子の直交性を前提としてつくられたユーザー側の類型論である．もちろんすべての類型論が因子の直交性を必須の条件としているわけではないが，たとえば三隅(1978)のPMリーダーシップ類型論の場合など，PとMの機能は独立なものとして理論的にも測定論的にも構造化されている．だとしたら，この2つの機能が斜交関係にある場合（リーダーの階層が上がるとPとMの相関は高まることが知られている），直交空間に基づかない類型論をどのように再構築すればよいか，新しい興味が広がる．

ともあれ以上の議論で問題なのは，このようなメーカーの常識が，ユーザーの不勉強も相まって両者間で共有されていないことである．メーカーからすれば七面倒なことであろうが，ユーザーに誤った手法を適用させないためにも，解説書にはアルゴリズムの背後にある論理や思想を，できるだけ数学の言葉を用いず平易に解説しておく必要があるのではないかと思う．

さらにいえば，ユーザーが理解していないのは，アルゴリズム以前に，実は統計的発想そのものなのではないか．というのは，多くのユーザーが統計学に抱いているイメージは，確率論，分布論，推測論，モデル論などに代表される「厳密な数学」というものだからである．ことにユーザーが最初に出会う統計学の講義は，フィッシャー（R. A. Fisher）以来の統計的推測の手法，つまり

確率モデルをまず想定し，それへのあてはめは厳密な数学的論理に基づいてなさねばならぬという立場に立って行われることが多かったから，その発想が私たちユーザーに「刷り込み」されていた影響も強かったと思われる．

だが統計学にもいろいろな立場があるわけで，その典型は衆知のように，モデル分析よりもデータをよく観察して，そこからもっとも適切な形で情報を引き出すことが大切だとする，チューキー（J. W. Tukey）(1977)の探索的データ解析という考え方である．そしてこの発想に立てば，モデルとしてはデータが多変量正規分布に従うことを仮定している多変量解析も，探索的データ解析の1つとして位置づけることが可能になる．なぜなら，データが正規分布をしていない場合でも，主成分分析や因子分析の手法は，母集団分布の母数の推定法としてではなく，データの構造を明らかにし，多数のデータの中で共通に変動している部分を抽き出すための方法として解釈することが可能だからである（竹内他, 1989b）．そしてこの発想は，現実の汚れたデータを前にして苦闘しているユーザーにとっては，有り難いご託宣となろう．（余談であるがTukeyは，ソフトウエアとかビットという言葉の最初の使用者であるといわれている（玉井, 2010））．

かつてRao(1997)は，「統計的手法は比較的平易なものであっても，使い方によっては，平易な手法が現実世界における困難な課題を解決に導くことがある」という主張をした．私たちは，改めてこの言葉を想い出すべきであるかもしれない．そこでつくづく思うのは，今後の統計学の講義で必要なのは，先に述べた「厳密な数学」だけではなく，技術論の背後にある統計思想そのものではないかということである．

9.3.8 統計の科学からデータの科学へ

これまで繰り返し述べたように，ユーザーには，ノイズやエラーに満ちた現実の生々しい現象に対して，どのような手法で切り込むのが最も適合性が高いのかという迷いが常にある．ユーザーは解析技術を学ぶ前に，自分が行う分析の目的，現象の基本的構造やその理論モデル，それにデータのもつ性質などについて，十分考えておく必要性が改めて感じられる．

このことは吉田もすでに指摘したところであるが（吉田, 1990），その場合

の指針として，データ解析一般に通じるマニュアルを求めるのではなく，「個別分野別の研究法マニュアルの中に，適切に位置づけられたデータ解析」という発想が必要である（村上,1990c）．そしてこのマニュアルの中では，解析の技術といった問題よりも，まず研究者自身の心理現象に対する認識論，あるいは心理学のための哲学が語られるべきだという村上の指摘には説得力がある．それがあってはじめて，研究者のもっている心理・社会現象のイメージを，explicit な形でメーカー側に伝えることが可能になるからである．

だがそれとともにメーカーは，常にユーザーサイドに立って，ユーザーの悩みを共有する姿勢をもってほしい．具体的には，メーカーは道具をつくることにのみ専念するのではなく，ときには自ら調査や実験を試みて貰いたい．ユーザーが求めているのは，道具の仕様についての説明だけではなく，その使い方のコツ，ないしノウハウの指南であり，また，きれいごとの図上シミュレーションではなく，実戦における生々しい闘い方であるからである．

そして以上に述べたことは，林知己夫の言葉を借りれば，「統計学からデータの科学へ」という思想に通じるのではないか（林,2001）．つまり行動計量学は，単に現象に対して統計手法のあてはめをする学問ではなく，現象の洞察にはじまって，その背後にある要因の推定と構造に関する仮説，対象とする母集団，そのサンプリング，調査ないし実験の技法，具体的な手続き，コーディングとデータの加工，それらのチェック・システム，適用する統計的手法，結果の解釈など，研究の立案から報告に至るすべての過程を統括する学問なのである．林が「データの科学」と称する所以である．

9.4　ないものねだり

これまでのユーザーに対する調査からは，必ずしも多数の声として出てこなかったが，心理・社会現象の解析法として，いま，ユーザーが必ず喜ぶに違いない分析技術をいくつか例示する．ただこれは，今のところ「ないものねだり」かもしれない．

ユーザーが喜ぶに違いない第1の分析技術は，メタ・レベルの概念の表現法である．具体的には共有イメージの研究や，社会規範の研究を想定して欲しい．

共有イメージや社会規範は確かに実在するが，それは個々の成員の感じるイメージや社会規範の平均値として与えられたものではない．それは個々の成員の感じ方を超えて，その上に「空気」(山本, 1977)，「雰囲気」(小川, 2001)，「かや」(杉万, 2006) のごとく存在するものである．

　ところが，個々の成員の感じるイメージや社会規範は測定可能であるが，それはあくまで個人が認知したイメージや社会規範であって，その一段上にある空気，すなわちメタ・レベルの概念そのものは直接的には測定できない．またそれは，上に述べたように平均値として与えられるものではなく，最頻値して定義しうるものでもない．しかもそれは，個人測定値の相互作用項的な存在でもない．それは一種の潜在変数ごときものである．

　このようなメタ・レベルの概念を，これまでの統計学的な発想で計量可能かどうか，筆者にはよくわからない．考え方によれば，因子分析の因子はある意味でメタを意味しているのかもしれないし，それよりも状態方程式のような形で記述した方がよいかもしれないが，いずれにせよメタ・レベルの概念を妥当に計量・推測できる手法が開発されれば，心理学の多くの分野で，研究が飛躍的に進歩することは間違いないだろう．

　もう1つ開発して欲しいのは，「ゆらぎ」ないし「幅」の計量法である．心理学の測定は多くの場合「点」でなされており，それはそれで代表値としての意味をもつが，現実の人間の行動には「ゆらぎ」があり，点で代表しきれるものではない．

　たとえばある政治的イデオロギーに関する態度対象について，同一サンプルをもとにパネル調査をしたとしよう．2回の調査データを評定尺度上で単純比較すると，パネル時点の間に大きな事件がない限り，その分布にはほとんど変化がない．一見すると，当該の態度は，時間軸の中で安定した構造をもっているようにみえる．

　ところが2回の調査データをクロス集計してみると，様相は異なってくる．というのは，もし態度が本当に個人内で安定しているのなら，クロス表の縦横の周辺度数の分布が一致するだけではなく，対角行列の部分に度数が集中してくるはずなのに，実際は度数の半数程度しか対角行列の中に収まらないのである (林, 2004)．

9.4 ないものねだり

対角行列に分布しないのは，個々のサンプルの態度に時間的なゆらぎがあるからである．ところが集団の中では，個々のゆらぎが見事に相殺されて，全体としては安定した構造を示すことになる．典型的なミクロ・マクロ問題といえよう．

だが面白いのは，このゆらぎに一定の幅があることである．態度の種類が政治的イデオロギーに近いものであるとき，幅を超えて態度が変化することはあまりない．態度が安定しているという表現は，ある「点」で不変という意味ではなく，ある「幅」の中でのゆらぎとして不変だという意味である．ここから「政党支持の幅」とか，「態度の変容域」とか，「規範の受容域」とか，「リスクの許容範囲」という概念が生まれてくる．そしてこの幅は，統計学でいう分散のことではない．一種のゆるい閾値変数なのである．

さらにいうならば，「ゆらぎ」と「変化」の違いを，操作的にどう定義したらよいのだろうか．理論的には，「ゆらぎの幅を超えたものを変化という」と定義することが可能だが，これを操作的に定義するのはなかなか難しい．なぜなら，もしこの定義を守ろうとしたら，そこで扱うあらゆる変数に関して，ゆらぎの幅を事前に測定しておかねば変化量はわからないからである．

たとえば事前・事後デザインの実験で，態度が実験条件によってどう変化したかを，5段階の評定尺度で測定するとしよう．その場合，回答が事後測定で1目盛り移動したとして，それはゆらぎなのだろうか変化なのだろうか．では2段階や3段階移動した場合はどうだろう．

またそこで問題となるのが評定尺度の目盛りの細かさであり，一般的には3〜9段階の尺度を用いることが多いが，中には2桁以上，ときには100桁の細かな目盛りを尺度として用いる研究者がいる．これは一見精緻そうでありながら，実はゆらぎと変化を混在させた「怪しい」尺度である可能性が高いのではないか．メーカーはこの問にどう答えてくれるのだろう．

ともあれ，この幅の概念を適切に記述できる分析法が開発されれば，学界の発展に大きく寄与することだけは疑いないと思う．南風原(2010)のいう「個」の心理学と「集団」の統計学という問題意識は，このゆらぎへのかかわりを示すものとして期待したい．

最後にこれはお願いというより提案であるが，行動計量学を現象解析の道具

として使うだけではなく，それを「現象理解のモデル」として使うことを考えてもよいのではないかと思う．というのは，人間が行っている脳神経レベルの認識過程や情報処理の中には，一種の行動計量の過程にほかならないと思われるものが存在するからである．たとえば，Buchsbaum & Gottschalk(1983)の，網膜神経回路における情報処理モデルでは，光情報を錐体細胞が，ある種の主成分分析をして，情報の統合を行っていると考えている．

これ以外にも，われわれの比較判断過程は，暗黙のうちに脳の中で分散分析をしているのではないかと思われることがあるし（文化心理学は一種の多元的な分散比の研究か？），事物の直感的分類も，実は脳の中で因子分析をしているのかもしれない．また最近の研究によれば，このような処理は脳内で行われる以前に，末梢レベルで行われることが少なくないという．私が改めていうまでもなく，このような発想に基づく研究は，すでに計算論的なアプローチという形で行われているが（乾, 2010），集団レベルの現象を含めて，もっと多くの現象に活発に応用されてよいのではないかと思う．

9.5 ユーザーとメーカーのコラボレーションの場をどうして確保するか

9.5.1 コラボレーションの方法

これまで行動計量学のユーザーが，メーカーにどのような不満や注文をもっているかについて，いくつかの問題点を取り上げてきた．この次は，メーカーがユーザーに答える番である．その場合の両者の協力体制として，参考になるのが吉村の提案であろう（吉村, 1990）．

吉村によると，① 問題はまずユーザーが提出し，問題の提示は可能な限り具体的でリアルにする，② メーカーは，ユーザーの出した具体的問題をなるべく忠実に，かつ一般的に定式化する，③ メーカーは，定式化した問題について可能な限りの回答を追及し，その回答の具体的表現を工夫する，④ ユーザーは，メーカーの出した答えが満足できるものかどうかについて，具体的な状況において検討する，という過程を経るのが望ましいという．ユーザーとメーカーの，スパイラルな相互レベルアップ方式といえるかもしれない．

ただこの点に関してかねて疑問に思っているのは，ユーザーは受け身である

ことが多く，メーカーが優れた道具をつくってくれればそれを使わせていただくという，「待ち」の姿勢が目立つことである．しかしここで必要なのは，「自分はこういうことをしたいのだ，そのためにこういう分析をしたいのだ，だからこういう道具をつくってほしいのだ」という「攻め」の姿勢ではないか．自分が何をしたいかもわかっていないのに，よい道具だけはほしいというのは甘えに過ぎない．言葉を換えれば，これは「消費者運動」の勧めということでもある．それに良心的なメーカーは，このような申し出があってこそ，意欲が出てくるのではないかと思う．

9.5.2 コラボレーションの場所

ではコラボレーションの手法はそれでよいとして，その出会いの場所をどこに設けるか．これまでのように，個人的なつながりの中で相談するのも1つの手法ではあるが，周囲に適切な相談相手がいない場合はどうしようもないし，第一それだけでは，折角のコラボレーションが「共有知」になりにくい．

かつて筆者が行動計量学会の大会（第29回）開催を引き受けたとき，そのプログラムの中にメーカーとユーザーの対話の場として，個別相談の時間を設けたことがある．これはこれでそれなりの役目を果たしたようであるが，年1回の学会大会のプログラムという，制限された時間と空間の中で実効性をあげるのは，やはり物足りないという気がする．

それに対して，行動計量学会の個人発表自体が，比喩的に言えば解析道具の「見本市」であるから，関心のある発表があればそこで個人的に接触すればどうかという考え方もある．たしかにそれも一理である．しかしそれだけでは，自分が個人的に抱いてきた統計技法への疑問を，直ちに解消する方向へはつながらないだろう．ではどうするか．筆者の提案は以下のようなものである．

それは，EUが主催しているEMF-NETをモデルにすることである（木下, 2009；大久保, 2007；http://ec.europa.eu/research/fp6/ssp/emf_net_en.htm）．これはトピックスを電磁界リスクに特化して，関係データを評価したりまとめたり，EU関係国で得られた経験や手法を共有したり，専門家を養成したりすることを目的として2004年に立ち上げられたプロジェクトであるが，その業務の1つとして，さまざまな手段による広報活動を行っている．

その中にはWebサイトやポータルを開設することにはじまって、各種の出版物を刊行したり、学術的な会議やコンセンサス会議を開催したり、マスコミの誤った報道に対して専門家としての見解をプレスリリースする活動などが含まれるが、重要な業務として、電磁界に関心をもつ一般人からの質問を受け付けていて、その回答を、EMF-NET構成国の専門家が担当することになっている.

筆者が参考にしたいのはこの最後の活動である。すなわち、もし電磁界のリスクに関して疑問をもった人がいれば、その人はEU-NETの定められたアドレスに連絡をする。その質問は「仕分け人」に届き、彼はその質問をEU構成国の専門家の中から一番適切だと思う人に転送して、その専門家から質問者に直接回答を送ってもらう仕組みである。したがって回答者は本部に常駐している必要はなく、電子空間上に存在するだけである。

このEU-NETを「行動計量学会ネット」に置き換え、電磁界問題に疑問をもった一般人を筆者がいう「ユーザー」に置き換え、電磁界専門家を「メーカー」に置き換えれば、この仕組みはわが国でも通じる統計相談システムになるのではないか。いわば悩み多きユーザーたちの「駆け込み寺」ないし「カウンセリング・ルーム」である。そしてこの質問と回答のやりとりを、整理しまとめた形で学会のHPの上にアップすれば、学会の共有物として大きな知的資源になるのではないか。なお余談になるが、EU-NETの組織を参考にして、日本でも2008年に、(財)電磁界情報センターが発足することになった.

ともあれ、本章が機縁となって、メーカーとユーザーが協力しながら、今後、よりよい「商品」が開発されることを望みたい。メーカーだけでなく、さまざまな分野のユーザーが加入している行動計量学会は、このような「消費者運動」を行う最適の場所の1つと思うからである.

(本章は、筆者が執筆した「多変量解析に対するユーザーのニーズ.行動計量学, 1992, 19(1), 40-48.」と、「実証科学と方法論科学のコラボレーション.日本心理学会第74回大会シンポジウム「統計学と心理学の関わりと隔たり」2010.」を下敷きにして、加筆訂正を行ったものである。また執筆にあたっては、柳井晴夫氏に多くの助言を頂いた。紙上を借りて謝意を述べたい.)

文　献 (刊行順)

Tukey, J. W. (1977). *Exploratary Data Analysis*. Addison-Wesley.
山本七平 (1977). 空気の研究. 文藝春秋.
三隅二不二 (1978). リーダーシップ行動の科学. 有斐閣.
Buchsbaum, G. & Gottschalk, A. (1983). Trichromacy, opponent colours coding and optimum colour information transmission in the retina. *Proceedings of Royal Society of London*, 20, 89-113.
木下冨雄 (1983). 消費者運動のすすめ―メーカーとユーザーの対話のために―. 日本行動計量学会会報, 30, 1.
市川伸一 (1988). (補稿) 決定における規範的理論と直感的推論. 小橋康章 (編) (1988). 認知科学選書18　決定を支援する. 東京大学出版会, pp. 179-204, 214-215.
竹内　啓他 (編) (1989a). 統計学辞典. 東洋経済新報社, pp. 501-507. 因果分析法.
竹内　啓他 (編) (1989b). 統計学辞典. 東洋経済新報社, pp. 947-951. 現代推測統計の考え方―いくつかの立場.
市川伸一 (1990). 認知科学と統計学の一つの接点―統計的概念の理解と教育―. 柳井晴夫・岩坪秀一・石塚智一 (編著) (1990). 人間行動の計量分析―多変量データ解析の理論と応用. 東京大学出版会, pp. 231-250.
村上　隆 (1990a). データ解析の落し穴. 名古屋大学大型計算機センターニュース, 21(3), 237-256.
村上　隆 (1990b). 3相データの階層的主成分分析. 柳井晴夫・岩坪秀一・石塚智一 (編著) (1990). 人間行動の計量分析―多変量データの理論と応用. 東京大学出版会, pp. 71-94.
村上　隆 (1990c). 私信.
中野純司 (1990). データ解析における知識工学の利用. 行動計量学, 17(2), 35-36.
吉田寿夫 (1990). 行動計量学の光と闇. 日本社会心理学会第31回大会ワークショップ資料.
吉村　功 (1990). 統計学における理論と実際の橋渡し. 行動計量学, 17(2), 36.
木下冨雄 (1992). 多変量解析に対するユーザーのニーズ. 行動計量学, 19(1), 40-48.
和多田淳三 (監修)・電通 (企画開発)・ナブラ (制作) (1992). ファジィ行動計量学パッケージ version 2.0.
Rao, C. R. (1997). *Statistics and Truth*：*Putting Chance to Work* (2nd ed.). World Scientific Publishing. (藤越康祝・柳井晴夫・田栗正章 (訳) (2010). 統計学とは何か―偶然を生かす. ちくま学芸文庫.)
林　知己夫 (2001). データの科学. 朝倉書店.
小川　侃 (編者) (2001). 雰囲気と集合心性. 京都大学学術出版会.
林　知己夫 (2004). 現代日本人の意識構造 (第6版). NHK放送文化研究所 (編) (2004). 世論を測る. 日本放送出版協会.
杉万俊夫 (2006). コミュニティのグループ・ダイナミックス. 学術選書005　心の宇宙2. 京都大学学術出版会.
大久保千代次 (2007). WHO ELF-EHCとFact Sheet 322. 大阪科学技術センター　電磁界に関する調査研究委員会発表資料.
Yanai, H. & Ichikawa, M. (2007). Factor analysis. In：Rao, C. R. & Sinharay, S. (eds.) (2007). *Handbook of Statistics, Vol.26*. Elsevier, pp. 257-296.
木下冨雄 (2009). リスク・コミュニケーション再考 (3) ―統合的リスク・コミュニケーションの構築に向けて. 日本リスク研究学会誌, 19(3), 3-24.

南風原朝和（2010）．「個」の心理学と「集団」の統計学—乖離を埋める統計教育のあり方．日本心理学会第74回大会シンポジウム「統計学と心理学の関わりと隔たり」発表資料．
乾　敏郎（2010）．知覚・認知・運動制御に共通する統計的脳内処理過程の枠組み．日本心理学会第74回大会シンポジウム「統計学と心理学の関わりと隔たり」発表資料．
狩野　豊（2010）．適合と欠測—社会科学と統計学・二足のわらじをはく研究者．日本心理学会第74回大会シンポジウム「統計学と心理学の関わりと隔たり」発表資料．
木下冨雄（2010）．実証科学と方法論科学のコラボレーション．日本心理学会第74回大会シンポジウム「統計学と心理学の関わりと隔たり」発表資料．
繁桝算男（2010）．因子分析と知能の理論．日本心理学会第74回大会シンポジウム「統計学と心理学の関わりと隔たり」発表資料．
玉井哲雄（2010）．ソフトとソフトウエア．UP，457(11)，14-20．
柳井晴夫（2010）．因子回転に関する諸問題　日本心理学会第74回大会シンポジウム「統計学と心理学の関わりと隔たり」発表資料．

付録：日本行動計量学会史

表中の所属は，すべて当時の所属である．

1. 歴代理事長と歴代運営委員長・編集委員長

歴代理事長

期　間	理事長
1973-1988	林　知己夫
1988-1991	肥田野　直
1991-1994	水野　欽司
1994-2000	柳井　晴夫
2000-2006	杉山　明子
2006-	飽戸　弘

歴代運営委員長

期　間	運営委員長
1973-1976	池田　央
1976-1979	安本　美典
1979-1985	飽戸　弘
1985-1988	駒澤　勉
1988-1991	水野　欽司
1991-1994	岩坪　秀一
1994-1997	田栗　正章
1997-2000	岡太　彬訓
2000-2006	山岡　和枝
2006-2009	菊地　賢一
2009-	植野　真臣

歴代編集委員長

期　間	編集委員会		
	編集委員長	和文誌編集委員長	欧文誌編集委員長
1973-1976	林　知己夫	野元　菊雄	印東　太郎
1976-1979	山本　俊一	野元　菊雄	印東　太郎
1979-1982	肥田野　直	池田　央	松原　望
1982-1985	野元　菊雄 肥田野　直	池田　央	上笠　恒
1985-1988	野元　菊雄	柳井　晴夫	上笠　恒
1988-1991	野元　菊雄	古川　俊之	宮原　英夫
1991-1994	柳井　晴夫	田栗　正章	村上　征勝
1994-1997	池田　央	岡太　彬訓	繁桝　算男
1997-2000	池田　央	久保　武士	繁桝　算男
2000-2003	繁桝　算男	林　文	狩野　裕
2003-2006	繁桝　算男	吉野　諒三	繁桝　算男
2006-2009	岩坪　秀一	今泉　忠	大津　起夫
2009-	岡太　彬訓	竹村　和久	足立　浩平

2. 歴代大会と大会実行委員長

歴代大会

回	開催期間	開催場所	大会実行委員長（所属）
第1回	1973年9月3日〜6日	統計数理研究所	林　知己夫（統計数理研究所）
第2回	1974年9月2日〜5日	統計数理研究所	林　知己夫（統計数理研究所）
第3回	1975年9月8日〜10日	青山学院大学	瀬谷　正敏（青山学院大学）
第4回	1976年9月2日〜4日	東京大学	奥野　忠一（東京大学）

第5回	1977年9月1日～3日	岡山大学	脇本 和昌	（岡山大学）
第6回	1978年9月5日～8日	立教大学	池田 央	（立教大学）
第7回	1979年9月6日～8日	大阪市立大学	生沢 雅夫	（大阪市立大学）
第8回	1980年9月4日～6日	慶應義塾大学	藤田 広一	（慶應義塾大学）
第9回	1981年9月3日～6日	名古屋大学	内田 良男	（名古屋大学）
第10回	1982年8月25日～28日	国語研究所	野元 菊雄	（国語研究所）
第11回	1983年8月1日～3日	京都大学	木下 冨雄	（京都大学）
第12回	1984年10月4日～6日	東京工業大学	穐山 貞登	（東京工業大学）
第13回	1985年8月2日～4日	北海道大学	河口 至商	（北海道大学）
第14回	1986年8月25日～27日	東京大学	古川 俊之	（東京大学）
第15回	1987年8月20日～22日	福岡リーセントホテル	浅野 長一郎	（九州大学）
第16回	1988年8月25日～27日	千葉大学	柏木 繁男	（千葉大学）
第17回	1989年8月3日～5日	岡山カルチャーホテル	脇本 和昌	（岡山大学）
第18回	1990年9月19日～21日	東京女子大学	杉山 明子	（東京女子大学）
第19回	1991年8月28日～30日	名古屋大学	吉村 功	（名古屋大学）
第20回	1992年9月21日～23日	東京工業大学	坂元 昂	（東京工業大学）
第21回	1993年9月2日～4日	大阪大学	直井 優	（大阪大学）
第22回	1994年8月29日～31日	筑波大学	久保 武士	（筑波大学）
第23回	1995年9月12日～14日	関西大学	辻岡 美延	（関西大学）
第24回	1996年9月7日～9日	幕張メッセ	宮埜 壽夫	（千葉大学）
第25回	1997年9月5日～7日	仙台市戦災復興記念館	海野 道郎	（東北大学）
第26回	1998年9月16日～18日	立教大学	池田 央	（立教大学）
第27回	1999年9月20日～22日	倉敷市民会館・芸文館	垂水 共之	（岡山大学）
第28回	2000年10月7日～9日	東京大学	繁桝 算男	（東京大学）
第29回	2001年9月14日～16日	甲子園大学	木下 冨雄	（甲子園大学）
第30回	2002年9月19日～21日	多摩大学	今泉 忠	（多摩大学）
第31回	2003年9月3日～5日	名古屋大学	村上 隆	（名古屋大学）
第32回	2004年9月15日～18日	青山学院大学	二宮 理恵	（青山学院大学）
第33回	2005年8月26日～29日	長岡技術科学大学	植野 真臣	（長岡技術科学大学）
第34回	2006年9月11日～14日	聖学院大学	丸山久美子	（聖学院大学）
第35回	2007年9月2日～5日	同志社大学	村上 征勝	（同志社大学）
第36回	2008年9月2日～5日	成蹊大学	岩崎 学	（成蹊大学）
第37回	2009年8月4日～7日	大分大学	江島 伸興	（大分大学）
第38回	2010年9月22日～25日	埼玉大学	松本 正生	（埼玉大学）
第39回	2011年9月11日～14日	岡山理科大学	森 裕一	（岡山理科大学）

3. 日本行動計量学会賞受賞者

学会賞受賞者（功績賞，優秀賞）

回	年　度	林知己夫賞（功績賞）	林知己夫賞（優秀賞）
第1回	1986年度	高根芳雄（マッギル大学）	富山慶典（筑波大学） 永岡慶三（神戸大学）
第2回	1987年度	柳井晴夫（大学入試センター）	宮埜寿夫（千葉大学）
第3回	1988年度	水野欽司（統計数理研究所）	電子総合研究所数理情報研究室
第4回	1989年度	後藤昌司（株式会社塩野義製薬）	竹谷　誠（拓殖大学）
第5回	1990年度	宮原英夫（北里大学）	受賞者なし
第6回	1991年度	脇本和昌（岡山大学）	小笠原春彦（JR東日本安研） 村上　隆（名古屋大学）
第7回	1992年度	池田　央（立教大学）	吉野諒三（統計数理研究所）
第8回	1993年度	岩坪秀一（大学入試センター）	大津起夫（北海道大学）
第9回	1994年度	繁桝算男（東京工業大学）	岩崎　学（成蹊大学）
第10回	1995年度	松原　望（東京大学）	豊田秀樹（立教大学）
第11回	1996年度	受賞者なし	岸野洋久（東京大学） 前川眞一（大学入試センター）
第12回	1997年度	村上征勝（統計数理研究所）	足立浩平（甲子園大学） 狩野　裕（大阪大学）
第13回	1998年度	肥田野直（東京大学名誉教授・ 大学入試センター名誉教授）	市川雅教（東京外国語大学）
第14回	1999年度	岡太彬訓（立教大学）	今泉　忠（多摩大学）
第15回	2000年度	印東太郎（U.C.アーバイン名誉教授・慶應義塾大学名誉教授）	江島伸興（大分医科大学）
第16回	2001年度	西里静彦（トロント大学名誉教授）	佐井至道（岡山商科大学）
第17回	2002年度	江川　清（広島国際大学）	竹村和久（早稲田大学）
第18回	2003年度	木下冨雄（甲子園大学）	鈴木督久（株式会社日経リサーチ） 山岡和枝（国立保健医療科学院）
第19回	2004年度	野元菊雄（国立国語研究所名誉所員）	植野真臣（長岡技術科学大学）
第20回	2005年度	久保武士（龍ヶ崎済生会病院）	藤井　聡（東京工業大学）
第21回	2006年度	古川俊之（国立病院機構大阪医療センター）	北條　弘 鄭　躍軍（総合地球環境学研究所）
第22回	2007年度	鮫島史子（テネシー大学）	倉元直樹（東北大学）
第23回	2008年度	杉山明子（元東京女子大学）	星野崇宏（名古屋大学）
第24回	2009年度	丸山久美子（北陸学院大学）	北田淳子（原子力安全システム研究所）
第25回	2010年度	村上　隆（中京大学）	土屋隆裕（統計数理研究所）
第26回	2011年度	吉野諒三（統計数理研究所）	Heung Hwang（マッギル大学）

学会賞受賞者（奨励賞）

回	年　度	肥田野直・水野欽司賞（奨励賞）
第1回	1999年度	土屋隆裕（統計数理研究所）
第2回	2000年度	菊地賢一（大学入試センター） 前田忠彦（統計数理研究所）
第3回	2001年度	星野崇宏（東京大学）
第4回	2002年度	竹内光悦（立教大学）
第5回	2003年度	芳賀麻誉美（女子栄養大学） 濱崎俊光（ファイザー株式会社）
第6回	2004年度	荘島宏二郎（大学入試センター）
第7回	2005年度	森本栄一（株式会社ビデオリサーチ）
第8回	2006年度	城川美佳（東邦大学） 中山厚穂（立教大学）
第9回	2007年度	松田映二（朝日新聞社） 張　一平（東京大学）
第10回	2008年度	松本　渉（統計数理研究所） 岡田謙介（東京大学）
第11回	2009年度	稲水伸行（東京大学ものづくり経営研究センター） 横山　暁（慶應義塾大学）
第12回	2010年度	尾崎幸謙（統計数理研究所）
第13回	2011年度	宇佐美慧（日本学術振興会特別研究員（DC 2）） 宮崎　慧（日本学術振興会特別研究員（PD））

学会賞受賞者（出版賞）

回	年度	出版賞
第1回	2011年度	星野崇宏（名古屋大学） 柳井晴夫（聖路加看護大学・大学入試センター名誉教授）・竹内　啓（東京大学名誉教授）・高根芳雄（マッギル大学）

　日本行動計量学会が設立された1973年9月から2011年度までの当学会の役員および諸活動をまとめた．役員においては，紙数の関係で主たる役員のみの掲載にとどめたが，上記以外にも，事務局長，学会理事，監事をはじめ，各種委員会の委員長・委員として，たくさんの方が学会の運営にかかわっている．また，学会活動においては，大会のみならず，行動計量シンポジウム，講習会，春の合宿セミナーなどを毎年のように行い，行動計量学の発展・普及に大きく寄与してきた．これらは，「日本行動計量学会35年記念誌」（2008年9月発行）に詳しいので，そちらもご覧いただきたい（学会Webで閲覧可能）．　　　　　　　　　　　　　　　　［森　裕一］

索　引

欧　文

AES　99
AIC　186
ALSCAL　17
AMOS　16

Big Five　91
BMDP　22

CAL　90
CAT　96,102
CBT　99
CFA　91
CHC　91
closure　45,46
content　45,46
Cox 回帰モデル　15
CRT　89,99
CSA　91

e-ラーニング　101
EBM　158
EFA　91
ENIAC　158

GLM　5,11
GT　100

HLM　188

intensity　45,46
IRT　16,94

JMI 健康調査　22

KL 型数量化（第Ⅵ類）　52

LPC 式検査　22

MA　92
MAC　34
MDA　35
MDA-OR　34,38,52
MDA-UO　38,53,54
MDA-UR　34
MMPI　165
MYCIN　167

NAEP　98
NRT　89

OMR　90
OSCE　101

PISA　98
PLS 回帰　11
POSA　52
PROC FACTOR　186

QOL　22,147,174,176
QOL 評価測定尺度　146

RDD 法　128

SAS　22,186
SBA　90
SEM　91

索　引

SPSS　22, 186
SSA　35

T-尺度　88
TIMSS　98

WHO　148

z-スコア　88

あ 行

アイリス　72
アジア研究　134
アジア・バロメーター世論調査　137
『新しい医学への道』　158
アルゴリズム　192
アレーの逆説　67
アンカー問題　97
鞍点　76

意思決定　61
異常値　86
1次元連続単調増加　32
一対比較の数量化　38, 53
一般化可能性理論　100
一般化決定係数　12
一般逆行列　12
一般線形モデル　5, 11
一般的知能因子（G）　188
遺伝アルゴリズム　173
イメージ　196
入れ替わり率　20
因果の推定　185, 189
因子負荷量の推定誤差　186
因子分析　6, 37, 158
　——における回転手法　193
　——の1因子モデル　6
インターネット調査　129

ウェーバー-フェヒナーの刺激-反応法則　64
動く集団の調査　125

エキスパートシステム　166
遠隔テスト　102

オペレーショナリズム　33
「お許し」情報　190

か 行

回帰診断　10
階層的因子分析　188
階層的分析　188
外的基準のある場合　37, 49
外的基準のない場合　37, 49
下位テスト　87
解答構築型テスト　99
科挙　82
確実性効果　67
確認的因子分析　91
確率　62
賭け　62
ガットマン，L.　31, 52
カテゴリカルデータの多変量解析　91
カリキュラムの中に組み込まれたテスト　101
『仮釈放の研究』　58
頑健性と安定性　191
観測値 X　84
「缶詰めデザインについての研究」　58
管理会計　62
緩和医療（緩和医学）　148, 169

記述式テスト　85
技術報告　103
規準集団　89
基準値　178
基数効用　63
期待効用仮説　66
期待損失　68
規範的理論　185
規範の受容域　197
逆確率　65
客観的臨床能力試験　101
キャッテル-ホーン-キャロルモデル　91

共通項目デザイン 98
共通受験者デザイン 98
共分散構造分析 16, 91, 169
共分散比 20
共有イメージ 195
均衡対 76

クラスター分析 191

経営科学 62
傾向スコア（分析） 15, 173
計算論的なアプローチ 198
形成的評価 90
計量医学 157
計量国語学 21
計量診断 15
計量政治学 134
計量的 MDS 10
計量法律学 19
ケインズ，J. M. 64
欠損値 190
決定分析 61
ゲーム理論 62, 70
限界効用逓減の法則 64
「限界」情報 191
健康関連 QOL 測定尺度 147
検定 68

5 因子モデル 91
公害 161
光学式マーク読取装置 90
公共選択 62
「工業統計」 58
交渉過程 140
構成概念 94
構造方程式モデル 16, 91
行動計量学 81
行動計量学会ネット 200
行動評価 82
幸福に寄与する要因 40
項目バンキング 102
項目反応理論 16, 94, 169
効用 62, 63

効用関数 64
効用分析 61, 67
高齢者による平和 141
国際数学・理科教育動向調査 98
国際比較 123
国際比較政治 134
国民性の調査 117
コクラン計画 174
誤差 E 84
故障関数 15
個人確率 66
個人差 MDS 10
個人情報保護法 104
5 段階評定値 89
コックスの生命表回帰モデル 164
「子供に良い放送」プロジェクト 46
コーネル・メディカル・インデックス 162
言説分析 142
コンピュータ・テスト 99

さ 行

最小化 75
再数量化 35
最大化 75
在宅テスト 102
最適化数学 62
阪本支持対東支持の判別 43, 44
作業式テスト 100
サーストン，L. L. 31
サナトロジー 145
3 囚人問題 73
3 相因子分析 17, 186

時間の不可逆的性質 190
事後確率 65
市場調査 121
指数ワイブルモデル 15
死生観 147
事前確率 66
失語症 167
射影行列 4
射影追跡 9

社会意識に関する調査 122
社会規範 195
社会選択 62
社会調査 109
重回帰分析 10
　──の拡張 37
集団規準準拠テスト 89
集団的決定 62
重判別分析 14
主観確率 66
主成分分析 9
寿命 164
寿命分布 15
主要新聞社5紙読者層の空間配置 57
順位尺度 82
順序 63
症状クラスター 162
少数大問式 85
冗長性分析 12
情報公開 104
『職工事情』 109
序数効用 63
親近性 52
神経回路モデル 15
人口問題 161
真正度の高いテスト 99
真値 T 84
信頼性係数 84
診療ガイドライン 172

推計学 157
垂直等化 97
推定 68
推定誤差 186
水平等化 97
数量化第Ⅰ類 36,38
数量化第Ⅱ類 36,38
数量化第Ⅲ類 36,39
数量化第Ⅳ類 37,39
数量化第Ⅴ類 38
数量化第Ⅵ類 38
数量化理論 31,36,91
スケログラムアナリシス 31,52

スピリチュアリティ 150
スピリチュアル・ペイン 148

性格の5因子論 20
生活時間調査 122
正規化された偏差値 88
政治主体 138
政治体制 138
政治的関心度 45
正準相関分析 12
正準判別分析 14
正準分析 14
精神年齢 92
政党支持強度 44
「生と死」の評価測定尺度 146
生徒の学習到達度調査 98
成分分析の拡張 37
聖ペテル（ス）ブルグの逆説 62
制約つき主成分分析 9
世界青年意識調査 125
ゼロ和ゲーム 74
選挙と投票 135
選挙予測調査 119
線形判別関数 72,158
潜在特性モデル 94
潜在変数 93
全順序 63
全米学力調査 98

総括的評価 89
増強 11
相互作用の生成 188
相対頻度 65
組織理論 62
素点 87

た 行

対応分析法 52
大学入試センター試験 20
大規模臨床試験 172
対話型診断 165
多因子モデル 6

高橋眈正 157
多次元尺度法 9,17,32
多重対応分析 5
多重ロジスティック分析 14
多重ロジスティックモデル 15
多数小問式 85
多変量解析 2,61,184,194
探索的因子分析 91
探索的データ解析 194
短答式 85

重複テスト分冊法 99
直観的推論 185
直交射影行列 10

適応型テスト 96,102
てこ比 11
テストスタンダード 105
テストの専門家 80
テストバッテリー 87
テストレット 96
データの科学 81,194,195
データマイニング 103
デンドログラム 17
電話法（RDD法） 128
電話法（名簿法） 127

等級づけ 82
統計カウンセリング 176
統計的決定関数 68
統計的決定理論 61
統計的データ解析 18
動向分析 103
同時プロクラステス回転法 8
東大式健康調査票（THI） 162
動的テスト 101
同等受験者デザイン 98
同盟ネットワーク 139
特異値分解 5
特殊的知能因子 188
独立成分分析 9
閉じた系 189,189
留め置き調査 127

ド・モアブル，A. 64

な 行

内容分析 142
ナッシュ均衡点 77
7つのステレオの一対比較研究 54

2項ロジスティックモデル 15
日本行動計量学会 18
『日本人の読み書き能力』 58
日本人の読み書き能力調査 110
『日本之下層社会』 109
ニューラルネット 167
認知科学 62

年齢尺度 93

脳研究 170
ノンメトリック 52

は 行

パス解析 16
パスカル，B. 64
ハズレ値 183
パーセンタイル順位 88
パッケージ化 186
発展ないし変動を記述する動的モデル 188
林知己夫 31,58
バリマックス回転 8
反順序 63
判別関数の拡張 37
判別分析 14,61

『東アジアの国家と社会』 136
非計量MDS 10
非親近性 52
非線形正準相関 13
非線形多変量解析 15
標準正規偏差値 88
標準得点 88
標準（規準）に基づくアセスメント 90

開いた系　189
比例ハザードモデル　15

ファイナンス理論　62
ファジィ行動計量　187
不安尺度　150
フィッシャー-ネイマン-E. ピアソン理論　70
不確実性　66
ブートストラップ法　173
ブラック・ボックス　185, 188
フラミンガム調査　14
プログラム・パッケージ　185
プロスペクト理論　67
プロフィール　87
プロマックス回転　8
分析的評定　85
分布の歪み　183, 190
分布理論　185

ベイジアン　66, 70
ベイズ戦略　69
ベイズの定理　158
「米仏文化に対する態度調査」　58
変化　197
偏差値　88, 97
ベンゼクリ, J. P.　52
変動の不規則性　183

包括式評定　85
方向批判性　45
訪問面接調査　126
保守-革新　45

ま　行

マクスミン基準　75
マトリックス標本抽出法　99
マハラノビスの距離　14

ミクロ・マクロ問題　197
ミニマックス原理　70

名簿法　127
メタ・レベルの概念　195
メトリック　52

目標基準準拠テスト　89

や　行

薬効評価　164

郵送調査　127
ユーザー支援ソフト　187
ユーザーとメーカー　198
ゆらぎ　197
「ゆらぎ」ないし「幅」の計量法　196

幼児の欲求とメディア　47
汚れたデータ　183, 191
予測　119
世論調査　122, 136

ら　行

ラプラス, P. S.　64

リスクの許容範囲　197
リスク理論　61, 64
リチャードソン, L. F.　140

類型論　193

連鎖的調査計画・分析法　123

ロバストネス　191
ロールシャッハテストの連想とその印象　35, 36

わ　行

ワイブル分布　165

編者略歴

柳井 晴夫（やない はるお）
1940年 東京都に生まれる
1970年 東京大学大学院教育系研究科（教育心理学専攻）修了
現　在 聖路加看護大学大学院教授
　　　 大学入試センター名誉教授
　　　 教育学博士，医学博士

シリーズ〈行動計量の科学〉1
行動計量学への招待　　　　　　　定価はカバーに表示
2011年9月15日　初版第1刷

編者	柳　井　晴　夫
発行者	朝　倉　邦　造
発行所	株式会社 朝　倉　書　店

東京都新宿区新小川町6-29
郵便番号　162-8707
電話　03(3260)0141
FAX　03(3260)0180
http://www.asakura.co.jp

〈検印省略〉

真興社・渡辺製本

© 2011 〈無断複写・転載を禁ず〉

ISBN 978-4-254-12821-5　C 3341　　Printed in Japan

シリーズ〈行動計量の科学〉

日本行動計量学会〔編集〕　全10巻・A5判各巻200頁前後

　日本行動計量学会が発足して35年が経過し，行動計量学は実証面・理論面ともに大きな進歩を遂げている．しかし，学問的成果の社会への還元という観点からみた場合，必ずしも十分とは言いがたい状況にあり，世の中には不確かな調査やその分析結果の報告がしばしば見受けられる．行動計量学に統計理論は不可欠であるが，問題構造の把握や適切な調査法の選択など，自然，人文，社会の諸分野に特有の事情にも配慮する必要がある．

　本企画は，データの諸科学に携わる研究者・実務家に向けて，行動計量学の最新の成果を実証・理論の両面からまとめることを目指すもので，すべての巻の執筆にそれぞれ日本行動計量学会の第一人者があたる，意欲的な試みである．

シリーズ〈行動計量の科学〉刊行委員会
柳井晴夫(委員長)，岡太彬訓，繁桝算男，森本栄一，吉野諒三

❖❖❖

1. **行動計量学への招待**　　　　　　　　　　　　　　224頁
   柳井晴夫 編

2. **マーケティングのデータ分析** －分析手法と適用事例－　168頁　2600円
   岡太彬訓・守口 剛 著

3. **医療サービスの計量分析**
   久保武士・清木 康 著

4. **学習評価の新潮流**　　　　　　　　　　　　　　　200頁　3000円
   植野真臣・荘島宏二郎 著

5. **国際比較データの解析** －意識調査の実践と活用－　224頁　3500円
   吉野諒三・林 文・山岡和枝 著

6. **意思決定の処方**
   竹村和久・藤井 聡 著

7. **因子分析**　　　　　　　　　　　　　　　　　　　184頁　2900円
   市川雅教 著

8. **項目反応理論**　　　　　　　　　　　　　　　　　160頁　2600円
   村木英治 著

9. **非計量多変量解析法** －主成分分析から多重対応分析へ－　184頁　3200円
   足立浩平・村上 隆 著

10. **カテゴリカルデータ解析**
    星野崇宏 著

上記価格（税別）は 2011 年 8 月現在